T0243337

La FANTASÍA *de* VOLAR

LA APASIONANTE
E INGENIOSA VICTORIA
CONTRA LA GRAVEDAD

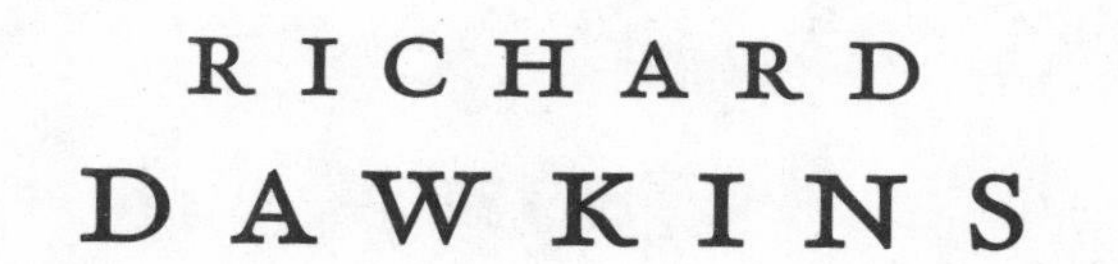

RICHARD
DAWKINS

La FANTASÍA *de* VOLAR

LA APASIONANTE E INGENIOSA VICTORIA CONTRA LA GRAVEDAD

ILUSTRACIONES DE
JANA LENZOVÁ

TRADUCCIÓN DE
PEDRO PACHECO GONZÁLEZ

Ariel

Obra editada en colaboración con Editorial Planeta - España

Título original: *Flights of Fancy: Defying Gravity by Design and Evolution*

Bajo el sello editorial ARIEL M.R.
Avenida Presidente Masarik núm. 111,
Piso 2, Polanco V Sección, Miguel Hidalgo
C.P. 11560, Ciudad de México
www.planetadelibros.com.mx
www.paidos.com.mx

Primera edición impresa en España: febrero de 2023
ISBN: 978-84-344-3603-9

Primera edición impresa en México: julio de 2023
ISBN: 978-607-569-520-4

Impreso en los talleres de Litográfica Ingramex, S.A. de C.V.
Centeno núm. 162-1, colonia Granjas Esmeralda, Ciudad de México
Impreso en México – *Printed in Mexico*

Para Elon,
imaginación en estado puro

Sumario

I

EL SUEÑO DE VOLAR

ORNITÓPTERO DE LEONARDO

Una escena que solo sucedió en la imaginación de su autor.
Pero ¡MENUDA imaginación!

I

El sueño de volar

¿Ha soñado alguna vez que volaba como un pájaro? Yo sí. Y me encanta. Planeo sin esfuerzo sobre las copas de los árboles, me elevo, me lanzo en picado y revoloteo a través de la tercera dimensión. Los juegos de ordenador y los cascos de realidad virtual pueden activar nuestra imaginación y hacernos creer que volamos por espacios mágicos y legendarios. Pero no es el mundo real. No es de extrañar que algunas de las mentes más brillantes del pasado, como Leonardo da Vinci, anhelaran unirse a las aves y diseñaran máquinas para conseguirlo. Más adelante hablaremos de algunos de esos antiguos diseños. No funcionaron. La mayoría no podrían funcionar nunca, pero no acabaron con el sueño de lograrlo alguna vez.

Este libro va sobre volar, sobre las diferentes formas de desafiar la gravedad descubiertas por los humanos durante siglos y por los animales durante millones de años. Pero también trata de ideas que se me han ido ocurriendo mientras reflexionaba sobre el propio acto de volar. Las digresiones de este tipo aparecerán en letra más pequeña, a menudo con la expresión «por cierto...».

Empecemos con la mayor fantasía de todas. Según una encuesta realizada en 2011 por Associated Press, el 77 por ciento de los estadounidenses cree en los ángeles. Los musulmanes están obligados a creer en ellos. Los católicos romanos creen que todos tenemos nuestro propio ángel de la guarda que cuida de nosotros. Todo eso supone un montón de alas que baten invisibles y silenciosas a nuestro alrededor. Según las leyendas de *Las mil y una noches*, si te montaras en una alfombra mágica, solo tendrías que pensar en el destino deseado para que te llevara allí al instante. El mítico rey Salomón tenía una alfombra de seda brillante lo suficientemente grande para transportar a cuarenta mil de sus hombres. De pie, sobre ella, podía ordenar a los vientos que lo trasladaran allí donde deseara. La leyenda griega nos habla de Pegaso, un magnífico caballo blanco alado, que llevó sobre su lomo al héroe Belerofonte en su misión para matar al monstruo Quimera. Los musulmanes creen que el profeta Mahoma realizó una «travesía nocturna» a lomos de un caballo volador. Fue desde La Meca a Jerusalén cabalgando sobre el Buraq, una criatura parecida a un caballo alado, representado por norma general con rostro humano como los legendarios centauros griegos. Todos hemos soñado alguna vez que hacemos una de esas travesías nocturnas, y algunos de nuestros viajes, incluidos algunos en los que volamos, son al menos tan extraños como el de Mahoma.

El legendario Ícaro, de la mitología griega, fabricó unas alas con plumas y cera, y se las sujetó a los brazos. Por culpa de su orgullo, Ícaro voló demasiado cerca del sol, cuyo calor derritió la cera y provocó su caída mortal. Una buena advertencia para no ir más allá de nuestras posibilidades, aunque la realidad es que, cuanto más alto hubiera volado, más frío habría sentido, no más calor.

Solía creerse que las brujas volaban por el aire en sus escobas, y Harry Potter se ha unido a ellas recientemente. Papá Noel y sus renos van a toda velocidad de chimenea en chimenea muy por encima de la nieve invernal. Los gurús y

«AL ORGULLO LE SIGUE LA DESTRUCCIÓN;
A LA ALTANERÍA, EL FRACASO»

Ícaro voló demasiado cerca del sol
y se precipitó hacia su muerte.

CONAN DOYLE CREÍA EN LAS HADAS

Ni Sherlock Holmes ni el profesor Challenger habrían caído en el engaño que sí se tragó su creador. Pero ¡era un escritor maravilloso!

los faquires fingen que flotan sobre el suelo en posición de loto cuando meditan. La levitación es un mito tan popular que incluso inspira chistes gráficos: casi hay tantos de levitación como de islas desiertas. Mi favorito, como no podía ser de otra forma, apareció en el *New Yorker*. Un hombre en la calle observa una puerta en la pared, situada a varios metros sobre el suelo. En ella hay una etiqueta en la que puede leerse: SOCIEDAD NACIONAL DE LEVITACIÓN.

Sir Arthur Conan Doyle creó al elocuente y racional Sherlock Holmes, considerado el detective de ficción más famoso de la historia. Otro de los personajes de Doyle fue el genial profesor Challenger, un científico exageradamente racional. Aunque es evidente que Doyle admiraba a ambos, fue víctima de una estafa infantil en la que sus dos héroes jamás habrían caído. Y lo de *infantil* es literal, ya que la estafa la perpetraron un par de traviesas niñas que hicieron fotografías trucadas de «hadas» aladas. Las primas Elsie Wright y Frances Griffiths recortaron imágenes de hadas que encontraron en un libro, las pegaron sobre una cartulina, las colgaron en el jardín y se fotografiaron jugueteando con ellas. Doyle fue la persona más famosa que se creyó el engaño de las «hadas de Cottingley». Incluso llegó a escribir un libro, *El misterio de las hadas*, en el que mostraba su fuerte creencia en esos pequeños seres alados que revolotean como mariposas de flor en flor.

Seguramente, el profesor Challenger habría planteado preguntas como estas: «¿A partir de qué antepasados evolucionaron las hadas? ¿Proceden de los simios de forma independiente de los humanos? ¿Cuál fue el origen evolutivo de sus alas?». El propio Doyle, médico con conocimientos de anatomía, debería haberse preguntado si las alas de las hadas evolucionaron como proyecciones de los omóplatos, de las costillas o de algo completamente novedoso. Para nosotros resulta evidente que esas fotografías estaban trucadas. Pero, para ser justos con sir Arthur, esto ocurrió mucho antes de la aparición del Photoshop, cuando se creía que «la cámara no puede mentir». Nosotros, miembros de la generación que conoce internet, sabemos que las fotos son demasiado fáciles de falsificar. Al final, las primas de Cottingley admitieron que se trató de una broma, aunque lo hicieron una vez que ya habían cumplido los setenta; para entonces, Conan Doyle llevaba mucho tiempo muerto.

El sueño sigue vivo. Hace que nuestra imaginación vuele mientras navegamos por internet. Las palabras que tecleo ahora en Inglaterra «vuelan» hacia la nube, desde la que «bajarán» hasta un ordenador estadounidense. Puedo conectarme a una imagen del mundo que gira y «volar» virtualmente de Oxford a Australia, observando «desde arriba» los Alpes y el Himalaya durante el trayecto. No sé si algún día podremos utilizar las máquinas antigravedad que aparecen en la ciencia ficción. Lo dudo, y no lo volveré a mencionar. Sin alejarse de los hechos científicos, este libro enumerará las formas en las que se puede domar la gravedad, aunque no escapar de ella. ¿Cómo hemos podido los humanos, gracias a nuestra tecnología, y los demás animales, gracias a su biología, resolver el problema que supone elevarse del suelo? Escapar, aunque solo sea temporal o parcialmente, de la tiranía de la gravedad. Pero primero tenemos que preguntarnos qué utilidad tiene para los animales elevarse sobre el suelo. En el mundo natural, ¿para qué sirve volar?

2

¿PARA QUÉ SIRVE VOLAR?

2

¿Para qué sirve volar?

Esta pregunta tiene muchas respuestas, tantas que el lector podría pensar que es innecesaria. Debemos ir más allá de los sueños en los que flotamos felizmente entre nubes míticas y, perdónenme, poner los pies en la tierra. Tenemos que dar una respuesta concreta. Y, en el caso de los seres vivos, eso implica una respuesta darwiniana. El cambio evolutivo es lo que ha hecho que todos los seres vivos sean como son. Y, en lo que respecta a los seres vivos, la respuesta a cada «¿Para qué sirve...?» es siempre, y sin excepción alguna, la misma: la selección natural darwiniana o la «supervivencia de los más eficaces biológicamente».

Entonces, en lenguaje darwiniano, ¿para qué sirven las alas? ¿Son buenas para la supervivencia del animal? Sí, por supuesto, y más adelante hablaremos de las diferentes formas en que los ayudan a sobrevivir. Por ejemplo, sirven para encontrar alimento desde las alturas. Pero la supervivencia es solo una parte de la historia. En un mundo darwiniano, la supervivencia es únicamente un medio para conseguir el objetivo de la reproducción. Gracias al olor de las hembras, las polillas macho utilizan sus alas para ir surfeando entre la brisa y dirigirse hacia ellas; algunas son capaces de detectar el olor aunque este se encuentre en una disolución de una parte por cada cuatrillón.

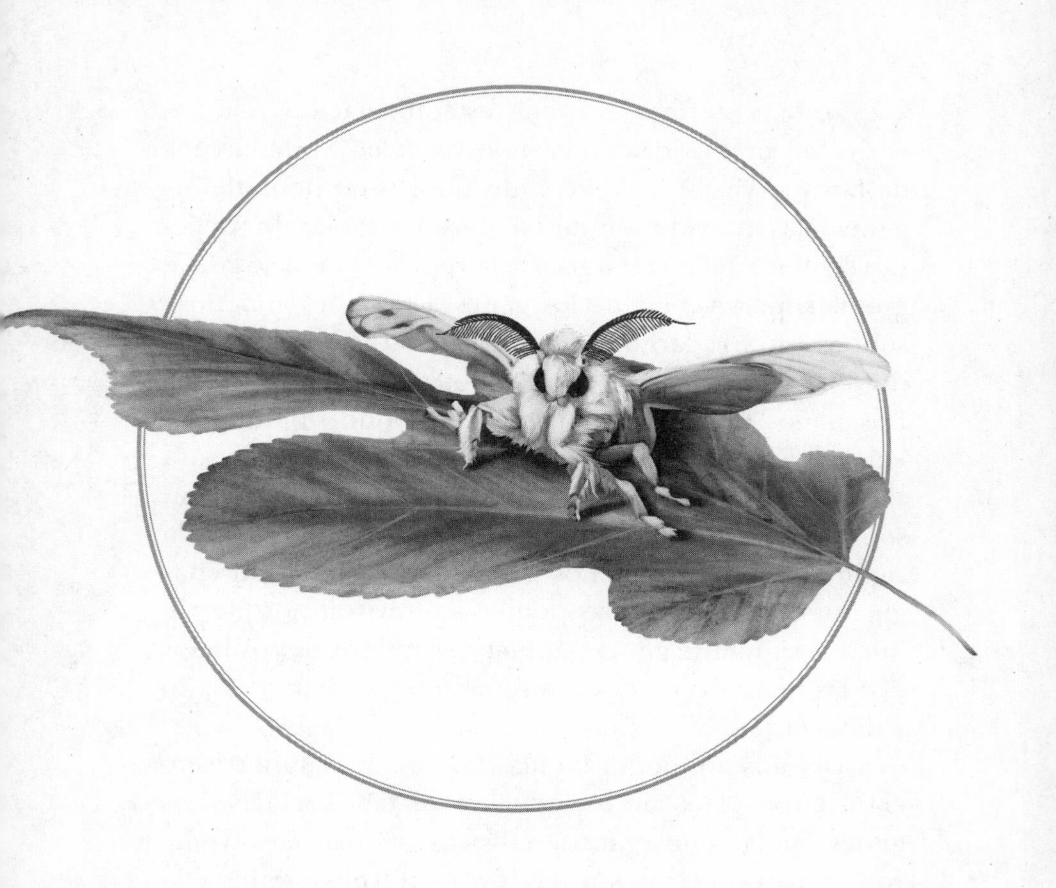

«HUELO UNA HEMBRA QUE ESTÁ
A CINCO KILÓMETROS DE DISTANCIA»

Antenas como las bellezas plumosas de esta polilla pueden detectar en la brisa la presencia de una hembra a una gran distancia. El aire pasa a través de las antenas de las polillas macho, y estas las van girando para escanear el olor en todas las direcciones posibles.

Lo consiguen gracias a sus enormes y extremadamente sensibles antenas. Esto no aumenta las probabilidades de supervivencia del macho, pero, como ya he dicho, la supervivencia es tan solo un medio para lograr el objetivo final: la reproducción.

Podemos afinar aún más esta afirmación y, al hacerlo, volver a la idea de la supervivencia. No hablamos de la supervivencia de los individuos, sino de la de los genes. Los individuos mueren, pero las copias de sus genes siguen adelante. Gracias a la reproducción se consigue la supervivencia de los genes. Los genes «buenos» sobreviven a lo largo de muchas generaciones, incluso durante millones de años, en forma de copias fieles. Los malos no sobreviven; eso es lo que significa ser «malo» si eres un gen. ¿Y qué ha de hacer un gen para ser «bueno»? Pues ha de fabricar cuerpos que puedan sobrevivir, reproducirse y pasar esos mismos genes a la siguiente generación. Los genes que fabrican antenas gigantes como las de las polillas sobreviven porque pasan a la siguiente generación en los huevos depositados por las hembras que esas mismas antenas han ayudado a detectar.

Del mismo modo, las alas favorecen la supervivencia a largo plazo de los genes para fabricar alas. Los genes que se encargan de fabricar buenas alas ayudaron a sus poseedores a pasar esos mismos genes a la siguiente generación. Y a la siguiente. Y así sucesivamente, hasta que, después de innumerables generaciones, lo que vemos son animales que vuelan muy bien. En los últimos tiempos (*últimos* según los estándares evolutivos), los ingenieros humanos han redescubierto cómo volar, y de forma parecida a como lo hacen los animales, lo cual no resulta sorprendente pues la física no deja de ser física, y las aves y los murciélagos que han evolucionado han tenido que lidiar con la misma física que los diseñadores humanos de aviones. Pero, mientras que los aviones han sido diseñados por alguien, las aves y los murciélagos, las polillas y los pterosaurios nunca han sido diseñados, sino que han sido moldeados por la selección natural que ha actuado

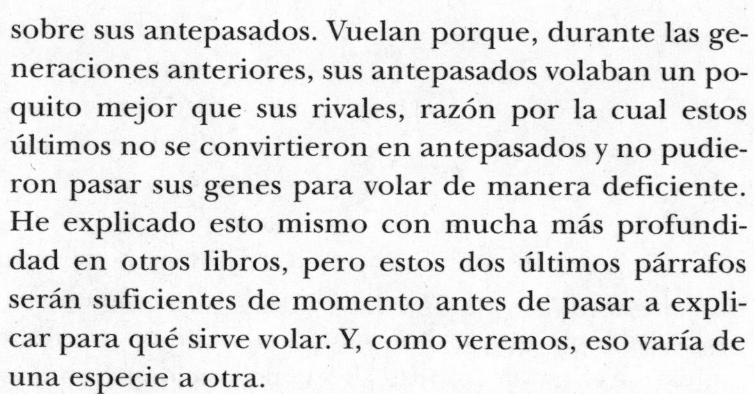

sobre sus antepasados. Vuelan porque, durante las generaciones anteriores, sus antepasados volaban un poquito mejor que sus rivales, razón por la cual estos últimos no se convirtieron en antepasados y no pudieron pasar sus genes para volar de manera deficiente. He explicado esto mismo con mucha más profundidad en otros libros, pero estos dos últimos párrafos serán suficientes de momento antes de pasar a explicar para qué sirve volar. Y, como veremos, eso varía de una especie a otra.

Algunas aves para las que volar supone un gran esfuerzo, como los pavos reales, se elevan ligeramente en el aire para escapar de los depredadores y luego se posan en el suelo a una distancia segura. Los peces voladores hacen lo mismo en el mar. En estos casos, volar es poco más que un gran salto. Muchas aves que, como los pavos reales, no son buenas voladoras utilizan el vuelo para escapar de los depredadores que no pueden elevarse. Aunque es evidente que hay depredadores que sí pueden abandonar el suelo, es decir, que también pueden volar. Durante la evolución se ha ido desarrollando una carrera armamentista aérea. Las presas son cada vez más rápidas para evitar ser capturadas y, como respuesta, los depredadores también son cada vez más rápidos. Las presas desarrollan maniobras de evasión y los depredadores evolucionan para contrarrestar esas estrategias. Un hermoso ejemplo es la carrera armamentista en la que participan las polillas nocturnas y los murciélagos que se alimentan de ellas.

Los murciélagos se abren paso en la oscuridad y acechan a sus presas utilizando un sentido que apenas podemos imaginar. Sus cerebros analizan los ecos de los pulsos ultrasónicos que ellos mismos emiten (demasiado agudos para que nosotros podamos oírlos).

Cuando un murciélago se encuentra a determinada distancia de una polilla, incrementa los pulsos, pasando de un lento tic… tic… tic a un rápido rat-a-tat-tat y luego a un brrr durante la fase final del ataque. Si imaginamos cada pulso ultrasónico como una forma de analizar el entorno, entenderemos que el incremento de la frecuencia mejorará la precisión a la hora de localizar el objetivo. Durante millones de años, la evolución ha perfeccionado la ecolocalización del murciélago, incluido el sofisticado *software* cerebral que utiliza. Al mismo tiempo, en el otro bando de la carrera armamentista, las polillas también desarrollaban adaptaciones inteligentes. La evolución propició el desarrollo de oídos afinados para percibir el tono ultraalto que emitían los murciélagos. Desarrollaron tácticas evasivas inconscientes y automáticas que se ponen en marcha cuando oyen a un murciélago: por ejemplo, descensos rápidos, picados y fintas. Y, a su vez, los murciélagos respondieron desarrollando unos reflejos más veloces y una mayor agilidad a la hora de volar. Lo que vemos en el clímax de la carrera armamentista se parece a los combates aéreos entre los Spitfires y los Messerschmitt durante la Segunda Guerra Mundial. El drama tiene lugar de noche, en lo que para nosotros es un silencio absoluto porque nuestros oídos, a diferencia de los de las polillas, no pueden captar las veloces ráfagas de pulsos de los murciélagos. Los oídos de las polillas apenas pueden oír algo más. De hecho, es posible que los murciélagos sean la razón principal por la que tienen oídos.

Por cierto, puede que una de las razones por las que las polillas son peludas sea también para protegerse de los murciélagos. Con el fin de intentar reducir los ecos que se producen en una habitación, los ingenieros acústicos forran las paredes con materiales que puedan absorber el sonido, algo parecido al efecto que tiene el pelaje de las polillas. No obstante, algunas polillas cuentan con algún truco adicional mucho más ingenioso. Sus alas están cubiertas de pequeñas escamas ligeramente dentadas que resuenan con los ultrasonidos de tal forma que «desaparecen del radar» como un bombardero invisible. Algunas polillas producen sonidos ultrasónicos que pueden «atascar» el radar de los murciélagos (estrictamente, un sonar). Además, unas pocas especies de polillas utilizan ultrasonidos para el cortejo.

Las aves que se alimentan en el suelo vuelan para desplazarse de una zona de alimentación a otra cuando la primera se ha agotado. Los buitres y las aves de presa utilizan sus alas para elevarse hasta una posición ventajosa y localizar alimento en un área extensa. Los buitres lo hacen desde una gran altura. Sus presas ya están muertas, por lo que no tienen que ir a toda prisa para capturarlas y se pueden permitir elevarse a gran altitud y controlar de esa manera una zona mucho más amplia en busca de señales que delaten la presencia de, por ejemplo, un león muerto. En ocasiones, esas señales delatoras son otros buitres. Cuando detectan la presencia de un cadáver, planean hasta llegar a él. Las aves rapaces, como las águilas y los halcones, buscan presas vivas desde una gran altura para luego lanzarse en picado a gran velocidad. Muchas aves marinas, como los charranes o los alcatraces, hacen algo parecido zambullêndose en picado.

Los alcatraces rastrean zonas extensas de mar abierto en busca de señales que delaten la presencia de algún banco de peces, puede que un oscurecimiento de la superficie o la presencia de otras aves en ese mismo lugar. La visión de una densa bandada de alcatraces o sus parientes cercanos, los piqueros, lanzándose en picado desde una gran altura, bombardeando un banco de peces a cien kilómetros por

hora, es uno de los grandes espectáculos que nos ofrece la vida. Su implacable guerra relámpago recuerda a otra imagen de la Segunda Guerra Mundial, los aviones kamikazes japoneses o los bombarderos Stuka lanzándose en picado acompañados por los bramidos de sus «trompetas de Jericó». Solo que los alcatraces y los piqueros no se lanzan a tumba abierta, al menos no habitualmente, si bien una zambullida mal calculada puede partirles el cuello. Y toda una vida de zambullidas en picado les va dañando progresivamente los ojos: la vida de un piquero suele acabar por culpa de una mala visión. Se podría decir que el hecho de zambullirse acorta su vida.

Pero vivirían todavía menos si no lo hicieran, ya que entonces podrían morir de hambre. Los alcatraces son buceadores tan especializados que, si perdiesen esa habilidad, no podrían competir con otras aves, como las gaviotas, que se alimentan en la superficie.

Por cierto, de todo esto se puede extraer una enseñanza muy interesante relacionada con la evolución, una que seguirá apareciendo a lo largo de este libro: la lección del compromiso. La selección natural darwiniana puede hacer que un animal viva menos al hacerse mayor si, al mismo tiempo, incrementa sus probabilidades de reproducirse con éxito cuando es joven. En lenguaje darwiniano, *éxito* significa haber podido transmitir montones de copias de los genes antes de morir. Los genes que hacen que un alcatraz pesque con mayor eficiencia cuando es joven pasan con éxito a la

---

LOS BOMBARDEROS STUKA DEL MUNDO DE LAS AVES (*IZQUIERDA*)
Los alcatraces y los piqueros son expertos pescadores desde el aire. Aquí aparece un único alcatraz, pero presenciar una gran bandada zambulléndose en picado es una visión imposible de olvidar.

siguiente generación a pesar de que también aceleran su muerte cuando es viejo. Esta clase de razonamiento puede ayudarnos a comprender por qué envejecemos aunque no nos zambullamos en picado para pescar. Heredamos los genes de una larga línea de antepasados que hacían bien las cosas cuando eran jóvenes. No tenían por qué seguir haciéndolas bien en la vejez: por entonces ya se habrían reproducido bastante.

Los alcatraces son veloces, pero los campeones de los descensos en picado son los halcones, capaces de cazar a otras aves en pleno vuelo. Durante uno de esos descensos en picado para atrapar a una presa, un halcón peregrino puede alcanzar la increíble velocidad de 320 kilómetros por hora. Para atravesar el aire a esa velocidad, la forma óptima que ha de adoptar se diferencia bastante de la adecuada para el vuelo nivelado, buscando presas. El halcón peregrino coloca sus alas como si fuese un avión de combate con alas de geometría variable. Esas velocidades colosales acarrean problemas y peligros. Las aves no podrían respirar si no tuvieran unas fosas nasales modificadas (cuyo diseño ha sido parcialmente copiado en los reactores de los aviones más veloces). Un impacto a una velocidad tan alta podría partirles el cuello. Como ocurre con los alcatraces, no hay duda de que existen compensaciones entre, por un lado, los beneficios a corto plazo en el éxito reproductivo y, por el otro, el riesgo de acortar la vida.

¿Para qué más sirve volar? Los salientes de los acantilados son lugares excelentes para anidar, a salvo de depredadores terrestres como los zorros. Las gaviotas tridáctilas son aves especializadas en construir sus nidos en salientes tan inaccesibles que a los depredadores y a otras aves voladoras les cuesta enormemente asaltar. Muchas aves buscan un lugar seguro entre los árboles para hacer sus nidos. Las alas proporcionan un medio rápido para subir a la copa de un árbol

EL CLÍMAX DE UNA CARRERA ARMAMENTISTA EVOLUTIVA

Los halcones peregrinos pueden lanzarse en picado sobre otras presas voladoras (el otro bando de la carrera armamentista) a 320 kilómetros por hora.

y transportar hierba y otros materiales necesarios para fabricar el nido y, más adelante, comida para los polluelos. Muchos árboles están llenos de frutas: alimentos para tucanes, loros y otras aves y para las especies más grandes de murciélagos. También los monos y los simios trepan a los árboles para recogerlas, pero ni el mono o simio más atlético puede competir con ningún ave en una carrera entre el ramaje. Los gibones son los trepadores de árboles más expertos de todos, tanto que han perfeccionado una técnica llamada «braquiación», que es casi como volar.

La braquiación (de *brachium*, «brazo» en latín) consiste en balancearse de rama en rama entre los árboles, utilizando unos brazos muy largos, casi como si fueran piernas corriendo al revés por el aire. Un gibón en pleno vuelo (uso el término casi de forma literal) se precipita a través del dosel a una velocidad impresionante, lanzándose de una rama a la siguiente, que puede estar a muchos metros de distancia. No vuela en el sentido estricto de la palabra, pero casi equivale a lo mismo. Es probable que nuestros antepasados emplearan esa misma técnica en alguna etapa de nuestra historia, aunque estoy seguro de que nunca habríamos podido superar a un gibón.

Las flores producen néctar, que es el principal combustible para el vuelo de colibríes, suimangas, mariposas y abejas. Las abejas alimentan a sus larvas con el polen que recogen de las flores. Toda la familia de las abejas pertenece a un grupo más amplio, la clase de los insectos, que depende de las plantas con flores y que evolucionó conjuntamente («coevolucionó»), empezando hará unos 130 millones de años, durante el Cretácico. ¿Qué mejor manera que hacerlo con alas para moverse rápidamente de flor en flor?

La mayoría de los insectos vuelan, y cazarlos al vuelo se ha convertido en un refinado arte para golondrinas y vencejos, papamoscas y las especies más pequeñas de murciélagos. Las libélulas también atrapan con gran destreza a los

TODA LA VIDA EN EL AIRE
Los vencejos han llevado al límite la vida en el aire. Ni siquiera aterrizan para aparearse. ¿Les resulta tan extraño caminar sobre la tierra como lo es nadar bajo el agua para nosotros?

insectos al vuelo, utilizando sus grandes ojos para detectarlos.

Los vencejos son grandes especialistas cazando insectos y los atrapan siempre volando. Han llevado la vida en el aire a tal extremo que casi nunca pisan tierra firme. Incluso han logrado la increíble hazaña de aparearse en el aire. Al igual que las tortugas abandonaron la tierra para vivir en el agua, los vencejos ancestrales abandonaron la tierra para vivir en el aire.

Ambos regresan a su anterior medio solo para depositar los huevos. Y, en el caso de los vencejos, para incubarlos y alimentar a los polluelos. Uno tiene la sensación de que, si fuera posible poner huevos en el aire, los vencejos lo harían, igual que las ballenas lo han hecho mejor que las tortugas y nunca regresan a tierra por ningún motivo.

Los vencejos son extremadamente rápidos, y nos recuerdan que la gran velocidad de desplazamiento es una de las principales ventajas del vuelo. Hace un siglo, los grandes transatlánticos tardaban muchos días en cruzar el océano; hoy en día, lo sobrevolamos en horas. La diferencia se debe principalmente a la mayor fricción del agua comparada con el aire, donde incluso varía según la altura. Cuanto más alto vuela un avión, menor es la resistencia en el aire enrarecido, razón por la cual los aviones vuelan a tanta altura. ¿Por qué no vuelan más alto? Por un lado, se quedarían sin el oxígeno que sus motores necesitan para la combustión del carburante. Los motores de los cohetes diseñados para funcionar más allá de la atmósfera terrestre portan su propio oxígeno. Hay más cosas que afectan al diseño de los aviones que vuelan a altitudes elevadas. Como veremos en el capítulo 8, necesitan aire para obtener sustentación y, a alturas elevadas, el aire es tan poco denso que necesitan volar más rápido para poder sustentarse. Los aviones diseñados para volar a altitudes menores no funcionan muy bien a grandes alturas, y viceversa. Los cohetes no necesitan aire para sustentarse, ni tampoco alas. Sus motores los impulsan directamente contra la gravedad. Y, una vez que han alcanzado la velocidad orbital, pueden apagarse y flotar ingrávidos mientras siguen viajando a gran velocidad.

De niño me solía preocupar que los motores de los cohetes no pudieran funcionar en el espacio exterior porque no hay aire contra el que se puedan «propulsar». Estaba equivocado. No necesitan propulsarse «contra» nada. Antes de explicar por qué quiero exponer un par de paralelismos más terrestres. Cuando se dispara un cañón de artillería de gran tamaño se produce un enorme retroceso. Toda el arma se sacude y recula sobre sus ruedas cuando el proyectil sale del cañón. Nadie piensa que el retroceso se produce porque el proyectil «empuja» el aire que se encuentra en el cañón. Lo que realmente sucede es lo siguiente: se produce una explosión en el interior del cartucho del proyectil; el gas empuja con violencia en todas las direcciones; las fuerzas laterales se cancelan entre sí; la fuerza hacia delante empuja al proyectil a través del cañón, encontrando poca resistencia; la fuerza que empuja hacia atrás presiona contra el cuerpo del cañón, sacudiéndolo y moviéndolo hacia atrás sobre sus ruedas. Ese mismo retroceso nos permitiría impulsarnos sobre el hielo si estuviéramos sentados sobre un trineo. Solo habría que disparar un rifle en la dirección opuesta a la que queremos dirigirnos. Si al lector le interesa la física, sabrá que lo que está actuando en este caso es la tercera ley de Newton: «A toda acción le corresponde una reacción igual y opuesta». El trineo no se mueve porque las balas estén empujando contra el aire. En el vacío nos desplazaríamos a mayor velocidad. Y lo mismo sirve para el motor de un cohete en el vacío.

La inclinación del eje de la Tierra hace que tengamos estaciones mientras el planeta gira alrededor del Sol. Esto significa que el mejor lugar en el que estar, para alimentarse o para criar, cambia de mes a mes. Para muchos animales, el coste de trasladarse a larga distancia queda compensado con creces por el beneficio de encontrar un mejor clima con todo lo que eso supone. Y, por supuesto, *mejor*, en este caso, no tiene por qué coincidir con la idea que tenemos los humanos de un tiempo mejor, aquel que es ideal para pasar las vacaciones estivales. Las ballenas migran desde las zonas cálidas de cría a aguas más frías donde las corrientes proporcionan un rico afloramiento de nutrientes que abastece la cadena alimentaria de la que ellas dependen. Las alas permiten a las aves cubrir enormes distancias. Muchas especies de aves migran, pero nadie cubre una distancia tan enorme como el charrán ártico, que recorre volando casi 20.000 kilómetros cada año, desde el círculo polar ártico, donde cría, hasta el círculo polar antártico, para luego regresar al punto inicial. Solo tarda dos meses. La única forma de recorrer distancias tan prodigiosas como esas en poco tiempo es volando. Los charranes árticos gozan todos los años de dos veranos, sin inviernos, y este ejemplo extremo nos ayuda a entender por qué migran tantos animales.

Muchos animales migratorios, no solo aves, lo hacen gracias a su prodigiosa capacidad de navegación y a su enorme resistencia. Las golondrinas europeas pasan el invierno en África y todos los veranos regresan al mismo lugar exacto en el que se encuentra su propio nido, gracias a una navegación tan precisa que solo puede calificarse de asombrosa. Para nosotros sigue siendo un misterio cómo consiguen las aves hacer este tipo de cosas. Aunque estamos a punto de resolverlo. Los ornitólogos etiquetan a aves individuales con diminutos aros o pulseras en las patas y, últimamente, también con minúsculos transmisores GPS, por lo que pueden conocer sus movimientos. Incluso se ha utilizado el radar para seguir el trayecto de grandes bandadas de aves migratorias. Estamos empezando a entender que las aves utilizan di-

RÉCORD MUNDIAL DE MIGRACIÓN DE LARGA DISTANCIA
Dado que migra de polo a polo, el charrán ártico nunca vive un invierno, tan solo los veranos polares, separados uno del otro unos 20.000 kilómetros.

versas técnicas de navegación cuya combinación depende de la especie y de la etapa en la que se halle en su proceso migratorio.

Reconocen asimismo puntos de referencia que les resultan conocidos, sobre todo en las últimas etapas de su viaje, cuando regresan al nido que ocuparon el año anterior.

«TODO LO QUE PIDO ES UN GRAN VELERO
Y UNA ESTRELLA QUE LO HAYA DE GUIAR»

Basta con trazar una línea imaginaria hacia arriba que pase por las dos estrellas más distantes del asa de la Osa Mayor (los «punteros») y continuar hasta llegar a la primera estrella brillante que encontremos. Esa es la Estrella Polar (o Estrella del Norte).

Pero también se sabe que, durante su largo viaje, las aves siguen el curso de algunos ríos, líneas costeras o cordilleras montañosas. En muchas especies, las aves jóvenes que migran por primera vez necesitan el acompañamiento de otras aves más veteranas y experimentadas que conozcan la geografía. Además de usar puntos de referencia, las aves suelen contar con la ayuda de brújulas integradas.

Ahora sabemos que algunas especies son sensibles al campo magnético de la Tierra. No tenemos del todo claro cómo lo ven o lo perciben, pero se ha demostrado que lo hacen. Y sí, puede que el verbo correcto sea *ver*, ya que, según una de las principales teorías sobre el mecanismo que utilizan, sea este cual sea, se sitúa en los ojos.

Desde hace tiempo sabemos que las aves migratorias (además de los insectos y otros animales) también utilizan el sol como brújula. Por supuesto, el sol cambia su posición aparente, en el este por la mañana y en el oeste por la tarde, pasando por el sur (o el norte si usted se halla en el hemisferio sur) al mediodía. Esto significa que un ave migratoria puede utilizarlo como brújula solo si también sabe en qué momento del día se encuentra. Y todos los animales poseen un reloj interno. De hecho, cada célula tiene un reloj. Nuestro reloj interno es lo que nos hace desear hacer cosas concretas, o sentir hambre o sueño, a horas regulares del día o de la noche. Los investigadores han realizado experimentos colocando a personas en búnkeres subterráneos, aisladas por completo del mundo exterior. Continuaban con sus actividades habituales, durmiendo y despertándose, encendiendo y apagando las luces, comiendo, etcétera, con un ritmo de veinticuatro horas. Como sería de esperar, no eran veinticuatro horas exactas (por ejemplo, un ciclo podía ser diez minutos más largo), por lo que se iban alejando del mundo exterior de forma gradual. Es por este motivo por el que se llama ciclo «circadiano» (*circa* significa «aproximadamente» en latín), en lugar de ciclo «diano» (de *dies*, «día» en latín). En condiciones normales, el reloj circadiano se restablece con solo observar el sol. Las aves migratorias, como todos los animales, están equipadas con un «reloj» gracias al cual pueden utilizar el sol como brújula.

Algunos migradores vuelan de noche, por lo que no pueden utilizar el sol, pero sí las estrellas. Muchas personas saben que una estrella en particular, la Estrella Polar, está casi directamente sobre nuestro polo norte, sin que le afecte el giro de la Tierra. En el hemisferio norte se la puede emplear como brújula con bastante fiabilidad. Pero, entre tantas estrellas, ¿cómo saber cuál es? Cuando mi hermana y yo éramos niños, nuestro padre nos enseñó muchísimas cosas útiles. Una de ellas fue cómo encontrar la Estrella Polar a partir del Carro (el conjunto de estrellas más reconocibles que forman parte de la constelación de la Osa Mayor). Basta con trazar una línea imaginaria hacia arriba que pase por las dos estrellas más distantes del asa de la Osa Mayor (los «punteros») y continuar hasta que nos topemos con una estrella brillante. Esa es la Estrella Polar, y de noche se puede utilizar como guía. Si el lector vive en el hemisferio norte, eso es todo lo que necesita saber. Pero si, como los polinesios que navegan entre las remotas islas del Pacífico, se halla en el hemisferio sur, tendrá que ser un poquito más sofisticado: no hay ninguna estrella brillante sobre el polo sur que pueda servir de guía. La constelación de la Cruz del Sur no está lo suficientemente cerca. Volveremos más adelante a hablar de este problema.

Pero, en el hemisferio norte, donde se puede utilizar la estrella polar, ¿cómo saben las aves que vuelan de noche cuál es cada estrella? Teóricamente, podrían haber heredado un mapa estelar en sus genes, pero eso parece poco probable. Hay una forma mucho más creíble, y sabemos que al menos es cierta para los azulillos índigo gracias a una brillante serie de experimentos que Stephen Emlen, de la Universidad Cornell, llevó a cabo en un planetario.

Los azulillos índigo son de un hermoso color azul, por lo que podrían llamarse, con razón, «pájaros azules» (*bluebirds*); en Gran Bretaña no hay ningún ave que se les parezca, a pesar de la extraña referencia a los pájaros azules en la canción «English Country Garden», con su alegre melodía arreglada por el compositor australiano Percy Grainger. (Por cierto, en Australia sí que existen algunos pájaros con un precioso color azul.) También hay una patriótica canción de guerra cuya letra dice: «Habrá pájaros azules sobre los blancos acantilados de Dover». Estaría bien que fuera una referencia poética a los uniformes azules de la Real Fuerza Aérea (los Few), pero tal vez el poeta estadounidense no se diera cuenta de que no había azulillos en Gran Bretaña. O puede que fuera una «licencia poética», en cuyo caso no habría nada que criticar.

Los azulillos índigo son migrantes de larga distancia que vuelan de noche. Durante la estación de migración, los azulillos enjaulados revolotean contra los barrotes del lado hacia el que normalmente migrarían. El doctor Emlen ideó un método para medir esta preferencia frustrada, para el que utilizó una jaula circular especial. La parte inferior de la jaula era un cono invertido, un embudo forrado con papel blanco, con una almohadilla de tinta en el fondo, donde los pájaros se solían posar. Estos revoloteaban por el cono y las marcas de tinta que dejaban en el papel registraban su dirección preferida. Este aparato, conocido como «el embudo de Emlen», se ha seguido utilizando desde entonces en otros experimentos sobre la migración de las aves. En otoño, la dirección preferida por los azulillos era sobre todo el sur, lo que se

¿FIRMES COMO LA ESTRELLA POLAR?
Las marcas de tinta que dejan los azulillos índigo en uno de los lados del embudo de Emlen indican la dirección en la que quieren migrar (la ilustración no está hecha a escala).

correspondía con su migración normal, que los conducía hacia México y el Caribe, donde pasaban el invierno. En primavera revoloteaban más en el lado norte del embudo de Emlen, lo que se correspondía con su regreso habitual hacia Canadá y Norteamérica.

Emlen tuvo la fortuna de poder utilizar un planetario en el que colocó su jaula en forma de embudo. Realizó una serie de fascinantes experimentos manipulando el mapa estelar artificial, borrando zonas seleccionadas del cielo. De esta forma pudo demostrar que los azulillos índigo utilizan las estrellas para orientarse, sobre todo las más próximas a la Estrella Polar; entre ellas, algunas constelaciones como la Osa Mayor, Cefeo y Casiopea (recuerde que estas aves viven en el hemisferio norte). Puede que el experimento más interesante que llevó a cabo en el planetario fuera el que diseñó para averiguar cómo sabían las aves qué estrellas debían utilizar para navegar. En lugar de sugerir la existencia de un mapa estelar genético, su hipótesis era que las aves jóvenes, antes de migrar, observaban de noche durante un tiempo el cielo en rotación y aprendían que cierta parte apenas gira porque sus estrellas están cerca del centro de rotación. Este método funcionaría incluso si no existiera la Estrella Polar: habría una fracción de cielo que no rotaría, y ese sería el norte. O el sur, en el caso de las aves del hemisferio sur.

Emlen puso a prueba su idea con un experimento todavía más ingenioso. Él mismo crio unos pájaros y los expuso, mientras crecían, solo a las estrellas del planetario. Algunos de ellos crecieron observando un cielo nocturno que rotaba alrededor de la Estrella Polar. Cuando, en otoño, los puso a prueba en el embudo, mostraron una clara preferencia por la dirección de migración habitual. A otro grupo de jóvenes los crio de forma distinta. Al igual que los del anterior grupo, las únicas estrellas que vieron mientras crecían fueron las del planetario. Pero, en este caso, Emlen manipuló astutamente la disposición de las estrellas de tal forma que su cielo nocturno no rotara alrededor de la Estrella Polar, sino de Betelgeuse, otra estrella brillante (si vive en el hemisferio norte, el lector la podrá reconocer como el hombro izquierdo de Orión, y como su pie derecho si vive en el hemisferio sur). ¿Qué hicieron esas aves cuando las colocó en la jaula de embudo? Entendieron que Betelgeuse estaba en el norte, y la utilizaron como guía para ir en una dirección errónea.

Ahora debemos explicar la diferencia entre «mapa» y «brújula». Para volar, por ejemplo, del sur al oeste, necesitamos una brújula. Pero, para una paloma mensajera, una brújula no es suficiente. Las palomas mensajeras también necesitan un mapa. Las encierran en una cesta, las transportan lejos en una dirección aleatoria y las liberan. Vuelan a casa tan rápido que deben de tener algún medio para saber dónde han sido liberadas. Además, quienes experimentan con palomas mensajeras no solo registran si las aves llegan a casa sanas y salvas. En muchos casos, después de liberarlas en un determinado punto, siguen a las aves con prismáticos, anotando la dirección que siguen en el momento que desaparecen de su vista. Las palomas mensajeras suelen desaparecer de la vista del experimentador en la dirección de su hogar, incluso aunque se hallen tan lejos que no puedan utilizar puntos de referencia que les resulten familiares.

Antes de que existiera la radio, los ejércitos utilizaban palomas mensajeras para que portasen mensajes a los cuarteles generales. Durante la Primera Guerra Mundial, el ejército británico utilizó un autobús londinense modificado como palomar de campo. Durante la Segunda Guerra Mundial, los alemanes utilizaron halcones entrenados específicamente para interceptar a las palomas mensajeras británicas. Esto desató una auténtica guerra armamentista ornitológica, en la que agentes especiales británicos tenían el encargo de matar a los halcones alemanes.

Por lo tanto, a una paloma mensajera no le basta una brújula, por muy precisa que sea. Antes de empezar a utilizar su brújula, la paloma necesita saber dónde está. Y no solo las palomas mensajeras: cualquier ave migratoria que cubra largas distancias necesita asimismo un mapa para compensar una posible desviación de su rumbo. De hecho, los investigadores han «desviado» artificialmente a las aves migratorias de su rumbo, atrapándolas en un punto medio de su migración y liberándolas luego en otra localización; por ejemplo, trasladándolas 150 kilómetros al este y luego liberándolas.

En lugar de seguir la misma dirección que antes de ser trasladadas, lo que las habría desviado de su destino original 150 kilómetros al este, las aves se las arreglaron para llegar

«SÉ DÓNDE ESTOY Y SÉ ADÓNDE ME DIRIJO»
Las palomas mensajeras necesitan un mapa y una brújula.

al destino correcto. Seguramente, esa habilidad para saber regresar a casa evolucionó para compensar las posibles desviaciones de la ruta, algo que debió de ocurrir muchas veces antes de que los humanos inventaran las cestas, los coches y los trenes para transportarlas.

Se han propuesto diversas teorías que explican cómo realizan las aves sus mapas. No hay ninguna duda de que, en el caso de las aves que ya tienen alguna experiencia, los puntos familiares del paisaje juegan un papel importante. Hay pruebas de que los olores, que podríamos decir que son un tipo especial de puntos de referencia, son también importantes. Una posible explicación teórica, pero difícil de llevar a la práctica, sería la navegación inercial. Si usted se halla sentado en el interior de su coche, con los ojos vendados, puede percibir la aceleración o la desaceleración (aunque no es un movimiento uniforme, como nos recordó Einstein), o incluso los cambios de dirección. Teóricamente, una paloma que se encuentra en el interior de su cesta oscura podría ir registrando cada aceleración y desaceleración, cada giro a la izquierda y a la derecha, mientras el coche que la transporta se dirige desde su hogar al lugar donde será liberada. En teoría, el ave podría calcular dónde se halla el punto de liberación con respecto al palomar del que acaba de salir.

Un investigador llamado Geoffrey Matthews puso a prueba la teoría de la navegación inercial. Colocó a sus palomas en un tambor cilíndrico en el que no podía entrar la luz y que rotaba continuamente mientras las trasladaba desde su hogar al punto de liberación. Incluso después de haber sido tratadas tan despiadadamente, las pobres criaturas se las arreglaron para poner rumbo a su casa. Esta demostración hace que la hipótesis de la navegación inercial sea bastante improbable. Pero he de corregir un error. En un libro bastante popular se decía que este aparato experimental era una de esas hormigoneras móviles que van dando vueltas en la parte trasera de un camión. Esa imagen encaja bastante con el conocido sentido del humor del doctor Matthews, pero no es cierta.

Los humanos podemos calcular nuestra posición a partir de mediciones astronómicas. Los marineros han estado utilizando sextantes desde hace mucho tiempo para localizar su posición. Durante la Segunda Guerra Mundial, el ingenioso hermano de mi padre, a quien habían prohibido por razones de seguridad que supiera el lugar en el que se hallaba su buque de transporte de tropas, supo fabricar un sextante para poder descubrirlo. Casi lo arrestaron al creer que era un espía. Un sextante es un instrumento que mide el ángulo existente entre dos objetivos, por ejemplo, el sol y el horizonte. Se puede utilizar ese ángulo al mediodía local para calcular la latitud, pero es necesario saber cuándo es el mediodía local, ya que eso varía con la longitud. Si el lector dispone de un reloj preciso que le muestre la hora de alguna longitud de referencia, como el meridiano de Greenwich (o su palomar si es usted una paloma), puede compararlo con la hora local, y eso, teóricamente, le permitiría saber su longitud. Pero surge de nuevo otra pregunta: ¿cómo pueden saber las palomas qué hora es en el lugar en el que se hallan? El propio Geoffrey Matthews sugirió que las aves no solo observan la altura a la que se encuentra el sol, sino también el movimiento en forma de arco que sigue durante un período de tiempo. Por supuesto, tienen que observar el sol durante un breve período para poder extrapolar el arco.

Puede parecer algo bastante inverosímil, pero,

¿REDESCUBRIERON LOS MARINEROS LA TECNOLOGÍA AVIAR? ¿Podrían utilizar las palomas algún equivalente del sextante de los marineros? No es una idea tonta, pero hacen falta más pruebas.

HARRISON MEJORÓ EL CRONÓMETRO MARINO
La coordinación de cada una de sus piezas,
su complejidad tan precisa y cada pequeña mejora
suponen unas cuantas millas menos de errores
potenciales en la navegación. Las aves migratorias
no necesitan la misma precisión (no pueden naufragar);
aun así ¿cómo lo hacen?

gracias a los experimentos de Emlen en el planetario, sabemos que los jóvenes azulillos índigo pueden hacer algo no muy diferente cuando detectan qué parte del cielo es el centro de rotación. Y un alumno de Matthews, Andrew Whiten, realizó experimentos con palomas en el laboratorio que demostraron que estas aves son capaces de auténticas hazañas a la hora de discernir.

En teoría, al extrapolar el arco de su movimiento aparente, las palomas podrían saber dónde estaría el sol (o estaba) cuando alcanzase (o alcanzó) su punto más alto, su cénit, en el mediodía local. Ya hemos visto que la altura a la que se encuentra el sol en el cénit les permite conocer cuál es su latitud. Y la distancia angular horizontal a partir del cénit calculado les dice cuál es la hora local. Si comparasen esta hora local con la hora de su palomar (su Greenwich particular), dada por su reloj interno, podrían conocer su longitud.

Por desgracia, incluso la más mínima imprecisión del reloj provocaría un gran error en la navegación. El famoso marinero Fernando de Magallanes, durante el primer viaje con el que se logró circunnavegar el globo, llevaba a bordo dieciocho relojes de arena. Si los hubiera utilizado para navegar, el error habría sido enorme. En el siglo XVIII, esto aún era un problema, razón por la cual el Gobierno británico anunció una competición dotada con un gran premio económico para aquel que inventara un cronómetro marino, un reloj preciso que siguiera siéndolo a pesar del balanceo del mar, ya que los relojes de péndulo dejaban de serlo. El ganador del premio fue John Harrison, un carpintero de Yorkshire. Aunque es cierto que las palomas mensajeras, como el resto de los animales, poseen un reloj interno, este no es rival para el cronómetro de Harrison, ni siquiera para los relojes de arena de Magallanes. Por otro lado, es posible que las aves voladoras no necesiten ser tan precisas como los marineros, quienes podrían naufragar si siguieran un rumbo equivocado. Se han propuesto otras hipótesis parecidas a la de Matthews para resolver el enigma de la navegación de larga distancia de las aves.

¿Qué otros tipos de mapas podrían utilizar las aves? Una posibilidad serían los basados en el magnetismo, ya que, por ejemplo, sabemos que los tiburones los emplean. Las diferentes localizaciones de la superficie de la Tierra poseen su propia firma magnética característica. ¿Qué aspecto tendría esa firma? La siguiente es tan solo una posible idea que podría servir. Esta teoría se basa en el hecho de que la dirección del norte (o sur) magnético no es exactamente la misma que la del norte (o sur) verdadero. Una brújula magnética está midiendo el campo magnético de la Tierra, que está más o menos alineado con el eje de rotación del planeta. La discrepancia entre el norte magnético y el verdadero se conoce como «declinación magnética», y todos aquellos que necesitan una medida muy precisa deberían tenerla en cuenta al usar brújulas. La declinación varía de un lugar a otro (y también depende de los desplazamientos del núcleo de la Tierra, que incluso pueden invertir el campo magnético de la Tierra de vez en cuando, con el paso de los siglos). Si somos capaces de determinar la declinación, por ejemplo, midiendo el ángulo existente entre la Estrella Polar y la aguja que señala el norte de una brújula magnética, podremos averiguar (también utilizando la intensidad del campo magnético) dónde nos encontramos. Esa podría ser la firma magnética que estamos buscando.

Hay algunas pruebas extraordinarias de que los carriceros rusos pueden hacerlo. Los investigadores introdujeron algunas aves en embudos de Emlen y desplazaron artificialmente el campo magnético 8,5 grados. Si las aves estaban utilizando únicamente una brújula magnética, la dirección por la que mostrarían preferencia en el embudo de Emlen también estaría desplazada 8,5 grados. De hecho, su dirección de revoloteo se desplazó unos increíbles 151 grados. Ese cambio de 8,5 grados en el campo, al calcular la declinación, les debió de decir a esas aves que ya no estaban en Rusia, ¡sino en Aberdeen! Y, mira por dónde, la dirección que prefirieron en el embudo de Emlen fue la que tendrían que tomar si por alguna razón se encontraran en Aberdeen y estuvieran buscando volver a su ruta migratoria habitual. Esa firma de Aberdeen es un ejemplo de las cosas a las que se podría parecer una firma magnética. Estamos un poco más cerca de comprender de qué manera contar con un sentido magnético es algo más que tener una brújula interna. Debo admitir que me parece demasiado bueno para ser creíble.

No hace falta decir que nadie está sugiriendo que las aves realizan de manera consciente cálculos sofisticados como los que requeriría la teoría de Matthews sobre la navegación solar. Por supuesto, las aves no cuentan con un equivalente al lápiz y al papel, ni con una tabla de declinación magnética o de intensidad de campo. Cuando atrapamos una pelota en el campo de críquet o de béisbol, nuestro cerebro está realizando el equivalente a resolver ecuaciones diferenciales sofisticadas. Pero no somos conscientes de ello mientras controlamos las piernas, los ojos y las manos para atrapar la pelota. Lo mismo ocurre con las aves.

Los animales con alas pueden llegar a islas a las que no podrían haber llegado solo con sus patas. En las islas remotas no suele haber mamíferos. O los únicos que hay (excepto los que han introducido los humanos, por ejemplo, los dingos o las ratas que han llegado como polizones) son los murciélagos. ¿Por qué? Es evidente. Porque los murciélagos tienen alas. Además de murciélagos, en las islas remotas los animales predominantes son las aves y no los mamíferos. En esas islas solemos observar que los modos de vida relacionados con el suelo que normalmente ocupan los mamíferos están acaparados por las aves. El ave nacional de Nueva Zelanda, el kiwi, vive en el suelo. Pudieron llegar a la isla porque sus antepasados podían volar. Los kiwis son las típicas aves isleñas a las que se les han encogido las alas y, por ello, ya no pueden volar, como veremos en el próximo capítulo. Pero llegaron a la isla gracias a ellas.

Los antepasados voladores de las aves llegaron por accidente, tal vez llevados por un fuerte viento que los desvió de su rumbo. Y a este respecto quiero destacar un punto sutil y difícil de comprender. Este capítulo analiza para qué sirve volar. Encontrar alimento, escapar de los depredadores, migrar cada año hasta las zonas estivales de reproducción…, todos estos son beneficios directos del hecho de poseer alas. La selección natural ha perfeccionado las alas (cada detalle de su forma y funcionamiento) para el beneficio de las aves a la hora de volar. Tener la suerte de poder colonizar una isla remota es algo diferente. La selección natural no ha moldeado las alas para que sus portadores puedan encontrar y colonizar islas en las que evolucionar. Si en este aspecto las alas son beneficiosas, estamos empleando el término *beneficio* en un sentido muy particular. Hablamos de un suceso excepcional y raro. Puede que un huracán catastrófico desviara de su ruta migratoria a una hembra portadora de huevos y la llevara hasta la isla, convirtiendo esa desgracia en un afortunado accidente.

Incluso los mamíferos ápteros (sin alas) pueden acabar en alguna isla debido a algún extraño accidente. Nadie sabe cómo llegaron los roedores y los monos a Sudamérica. En ambos casos es algo que sucedió hace unos 40 millones de años y el resultado ha sido una gloriosa profusión de diferentes tipos de monos y de roedores (parientes de las cobayas). El mapa del mundo de hace 40 millones de años era muy diferente del actual. África estaba más cerca de Sudamérica y había algunas islas entre los dos continentes. Es posible que los monos y los roedores pasaran de isla a isla, por ejemplo, flotando sobre balsas formadas por restos de vegetación o árboles que algún huracán arrastrara hasta el mar. Esos sucesos extraños solo tuvieron que ocurrir una única vez, después de lo cual los náufragos recién llegados encontraron un nuevo y agradable lugar en el que vivir, reproducirse y, finalmente, evolucionar. Lo mismo se puede decir de las aves, aunque, en este caso, las alas les dieron una ventaja inicial. Aun así, sería un error creer que esas extrañas colonizaciones fueron una consecuencia directa de poseer alas; no es una ventaja derivada del hecho de tener alas como sí lo es, por ejemplo, poder ganar altura para localizar comida todos los días.

Puede parecer que volar es una habilidad enormemente útil para toda clase de propósitos. Nos podríamos preguntar, entonces, por qué no vuelan todos los animales. O, dicho de una forma más directa, ¿por qué muchos animales han perdido esas alas tan maravillosas que sí tuvieron sus antepasados?

3

SI VOLAR ES TAN GENIAL, ¿POR QUÉ ALGUNOS ANIMALES HAN PERDIDO SUS ALAS?

LOS CERDOS PODRÍAN VOLAR

No pueden, pero ¿podrían hacerlo alguna vez?
Si la respuesta es no, ¿por qué? ¿Cuándo es razonable
preguntarse por qué los animales no hacen algo?
Por ejemplo, ¿por qué algunos animales no vuelan?

3

Si volar es tan genial, ¿por qué algunos animales han perdido sus alas?

... y de por qué el mar está hirviendo,
y si los cerdos tienen alas.

LEWIS CARROLL,
Alicia a través del espejo (1871)

El mar no está hirviendo, aunque un día sí que lo estará (de aquí a unos 5.000 millones de años). Y está claro que los cerdos no tienen alas, pero cuestionarse por qué no las tienen no es algo tan descabellado como pueda parecer. Es una forma graciosa de plantearse una cuestión mucho más general: si esto o aquello es tan genial, ¿por qué no lo tienen todos los animales? ¿Por qué no tienen alas todos los animales, incluidos los cerdos? Muchos biólogos responderían de la siguiente manera: «Porque la variación genética necesaria para que se puedan desarrollar alas nunca ha estado disponible para la selección natural. No aparecieron las mutaciones correctas, y puede que sea porque la embriología de los cerdos no está preparada para hacer brotar pequeñas protuberancias que podrían convertirse finalmente en alas». Quizá yo sea una excepción entre los biólogos al no quedarme únicamente con esta respuesta. Yo añadiría una combinación de las siguientes tres respuestas: porque las alas no les resultarían útiles, porque las alas serían una desventaja para la vida que llevan y porque, aunque las alas les resultaran útiles, esa utilidad sería menos importante que los costes económicos de tenerlas. El hecho de que las alas no sean siempre algo bueno queda demostrado por aquellos animales cuyos antepasados tenían alas pero las perdieron. De eso va este capítulo.

Las hormigas obreras no tienen alas. Van andando a todas partes. Bueno, puede que *correr* sea la palabra adecuada. Sus antepasados fueron avispas aladas, por lo que las hormigas modernas han perdido sus alas con el paso del tiempo, considerado este a escala evolutiva. Pero no necesitamos ir tan atrás. Ni de lejos. Los progenitores de una hormiga obrera, su madre y su padre, tenían alas. Todas las hormigas obreras son hembras estériles equipadas con los mismos genes que la reina, y les podrían haber brotado alas si las hubieran criado como lo hacen con las reinas. El potencial para tener alas está, por así decirlo, incluido en los genes de todas las hormigas, pero en las obreras no se expresa. Tener alas debe de acarrear problemas; si no, las hormigas obreras utilizarían su indudable capacidad genética para desarrollarlas. Las ventajas y desventajas de tener o no tener alas deben estar muy bien equilibradas para que una hembra las desarrolle en algunos casos y no en otros.

Las reinas necesitan las alas para buscar un nuevo nido lejos del original. En el capítulo 11 volveremos a hablar de por qué en este caso es bueno tenerlas. Las alas también permiten a las jóvenes reinas encontrarse con machos alados que no pertenecen a su propio nido. También veremos más adelante por qué la exogamia puede ser algo bueno.

Las obreras, dado que no se reproducen, no están condicionadas por esas dos necesidades. Suelen pasar una gran parte de su tiempo bajo tierra, arrastrándose por espacios muy reducidos. Probablemente las alas les estorbarían en los estrechos pasillos, galerías y cámaras del nido subterrá-

UNA HORMIGA REINA SE DESPRENDE DE SUS ALAS, AHORA INÚTILES

A las hormigas obreras nunca les crecen alas, a pesar de que sus progenitores las desarrollaron y de que sus genes saben exactamente cómo fabricarlas.
Las alas no son tan buenas como se cree.

neo. Incluso la hormiga reina, después de aparearse por primera y única vez en su vida y de haber volado hasta llegar a un lugar adecuado en el que fundar su nuevo nido subterráneo, pierde sus alas. Las hormigas reinas de algunas especies se las arrancan a mordiscos; otras, con las patas.

El hecho de que se las arranquen a mordiscos es una demostración bastante drástica de que no siempre es deseable tener alas. Cumplieron con su propósito durante el vuelo de apareamiento y la búsqueda de un nuevo lugar en el que crear un nido; ahora no solo no son necesarias, sino que, posiblemente, también sean un estorbo bajo tierra, por lo que se deshacen de ellas. O se las comen.

Las hormigas obreras no siempre están bajo tierra. Salen en busca de comida que transportan hasta el nido. Aunque las alas son una desventaja bajo tierra, ¿no podrían re-

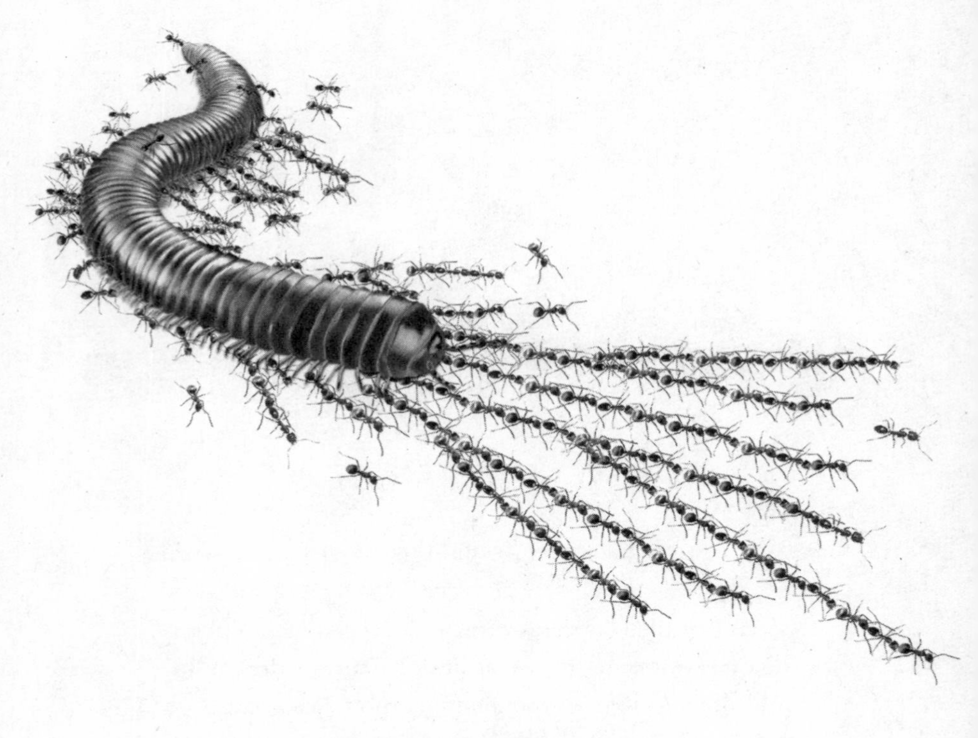

CADENA DE HORMIGAS
Las hormigas son grandes cooperadoras. En este caso, forman largas cadenas para arrastrar a un milpiés demasiado grande para que lo transporte una sola hormiga.

sultar útiles para buscar comida de forma mucho más rápida, como hacían sus antepasadas avispas? Bien, puede que las avispas sean más rápidas que las hormigas, pero pensemos esto. Las hormigas obreras a veces arrastran hasta su nido pedazos de comida de gran tamaño mucho más pesados que ellas mismas: por ejemplo, un escarabajo entero. No podrían volar con semejante carga. A menudo colaboran en equipo para arrastrar una presa de gran tamaño. Se han visto grupos de hormigas soldados arrastrar un escorpión entero. Mientras que las avispas y los escarabajos buscan a lo largo de grandes distancias pequeñas cantidades de comida, las hormigas se han especializado en conseguir comida que se halle relativamente cerca de su nido y que puede ser demasiado grande para transportarla volando. Incluso si no se trata de un gran cargamento, volar es una actividad que consume mucha energía. Como veremos más adelante, los músculos de las avispas dedicados al vuelo son como pequeños motores de pistón que queman un montón de combustible azucarado. Hacer crecer alas también tiene un coste. Cualquier extremidad se ha de fabricar a partir de materiales que entran en el cuerpo como alimento, y fabricar cuatro alas para cada una de los miles de obreras que componen un nido sería bastante caro. Supondría un gran golpe para los recursos económicos de la colonia. Es posible que, en el caso de las obreras, todas estas consideraciones inclinaran la balanza hacia la no formación de alas. *Inclinar la balanza* es la expresión adecuada, y continuaremos utilizando esta idea de equilibrio económico a lo largo de todo el libro. Cuando queremos averiguar si una condición supone una ventaja evolutiva, planteándonos cuestiones como la utilidad de un órgano concreto, siempre hay que tener en cuenta el cálculo económico, es decir, valorar los beneficios y los costes.

En algunos aspectos, las termitas son muy diferentes de las hormigas, aunque no en todos. Durante mi infancia en África las llamábamos «hormigas blancas», pero no son hormigas, ni de lejos.

Mientras que las hormigas están emparentadas con las avispas y los escarabajos, las termitas están más relacionadas con las cucarachas. En su evolución convergieron de forma independiente hacia una forma de vida parecida a la de las hormigas a partir de unos inicios en los que vivían de forma más parecida a las cucarachas, mientras que las hormigas evolucionaron a partir de sus inicios como avispas. Pero, a pesar del parecido final, hay diferencias muy importantes. Mientras que las hormigas, abejas y avispas obreras son siempre hembras estériles, entre las termitas obreras encon-

AL PRINCIPIO, LA TERMITA REINA TENÍA ALAS
Ahora es poco más que una enorme fábrica de huevos. La grotesca hinchazón de su abdomen ha separado las placas de color marrón del exoesqueleto.

tramos tanto machos como hembras, ambos estériles. Pero se parecen a las hormigas en el hecho de que las obreras no tienen alas a pesar de que las hembras y machos reproductores (reinas y reyes) sí que las tienen, y las utilizan para el mismo propósito que las hormigas aladas. La enjambrazón de las termitas aladas es muy parecida a la de las hormigas (todo un espectáculo en determinadas épocas del año). Durante mi infancia en África tenía algunos amigos que, cuando se producía una enjambrazón de «hormigas blancas», solían correr de un lado a otro para atraparlas con la boca; tostadas eran toda una delicia local. Y al igual que las hormigas, y seguramente por las mismas razones (las termitas suelen pasar incluso más tiempo en espacios confinados), las termitas reinas pierden sus alas después del vuelo de apareamiento. De hecho, se convierten en unas formas grotescamente hinchadas, para las cuales tener alas sería un chiste. La cabeza, el tórax y las patas son las típicas de un insecto, pero el abdomen se ha convertido en una bolsa de huevos enorme, abultada y blanca. La reina es ahora una fábrica andante de huevos; aunque realmente no anda, ya que está demasiado gorda para hacerlo. Producirá más de cien millones de huevos durante su larga vida.

Las hormigas y termitas obreras son un buen ejemplo con el que empezar este capítulo, porque todas ellas poseen los genes necesarios para desarrollar alas, pero se abstienen de hacerlo. Las hormigas reinas, como hemos visto, incluso se las arrancan a mordiscos. Ningún ave se arranca las alas. Cuesta imaginarlo. El único ejemplo remotamente parecido que se me ocurre entre los vertebrados es la autotomía de la cola. La *autotomía*, palabra que procede del griego y significa «cortarse a sí mismo», es el acto de desprenderse de la cola, o de parte de ella, cuando un depredador la ha agarrado. Es un truco útil que ha surgido muchas veces, de manera independiente, en lagartos y anfibios. Pero nunca en aves. A diferencia de las hormigas reinas, ningún ave se autotomiza las alas. Sin embargo, durante la evolución, a muchas aves se les han ido reduciendo las alas, y algunas incluso las han llegado a perder. Eso ha ocurrido especialmente en las islas, donde sabemos que existen más de sesenta especies de aves en la actualidad (muchas más si incluimos a las especies extintas) que no pueden volar; entre ellas, gansos, patos, loros, halcones, grullas y más de treinta especies de rálidos, incluida la diminuta gallineta de la isla Inaccesible del archipiélago de Tristán de Acuña.

¿Por qué las aves isleñas han perdido la capacidad de volar durante el proceso evolutivo? Como vimos en el capítulo anterior, las aves que no pueden volar se suelen encontrar en islas demasiado remotas a las que es muy difícil que lleguen depredadores o competidores mamíferos. La falta de mamíferos tiene un efecto doble. Primero, las aves que llegaron gracias a sus alas han podido adoptar modos de vida que normalmente corresponderían a los mamíferos y para los cuales no hacen falta alas. Los extintos moas, incapaces de volar, desempeñan en Nueva Zelanda el papel que les correspondería a los grandes mamíferos. Los kiwis se comportan como mamíferos de tamaño medio. Y el papel de los mamíferos pequeños es (o era) desempeñado por un chochín que no podía volar, el chochín de la isla de Stephens (extinguido recientemente) y por unos insectos no voladores, unos grillos gigantes llamados «wetas». Todos son descendientes de antepasados alados.

Segundo, dado que no hay mamíferos depredadores en sus islas, las aves «descubren» que no necesitan alas para evitar que las coman. Es probable que esta sea la historia de los dodos de Mauricio y de otras aves no voladoras de islas vecinas, descendientes de palomas voladoras de alguna clase.

He entrecomillado la palabra *descubren* por una razón. Es obvio que las palomas ancestrales, nada más llegar a Mauricio o Rodríguez, no miraron a su alrededor y dijeron: «Oh, dios mío, no hay depredadores, podemos encogernos las alas». Lo que sucedió realmente durante muchas generaciones es que los individuos que tenían genes para alas ligeramente más pequeñas que la media tenían más éxito. Es probable que fuera porque se ahorraban los costes económicos de desarrollarlas. Por esa razón se podían permitir criar más hijos, los cuales heredaban esas mismas alas, de un tamaño algo menor. Y así sucesivamente, con el paso de las generaciones, las alas se fueron reduciendo paulatinamente. Al mismo tiempo, los cuerpos de las palomas eran cada vez más grandes. Lo podemos entender como un desvío hacia otras partes del cuerpo de los recursos que se ahorran al no tener que desarrollar y utilizar las alas. Volar consume un montón de energía, y desviar toda esa energía hacia otras cosas, por ejemplo, el aumento de tamaño, tiene mucho sentido. En evolución vemos que una característica general de los animales isleños es el aumento de tamaño, por lo que puede haber otros motivos. Resulta confuso, pero, en algunos casos, las especies isleñas suelen disminuir de tamaño. Como veremos en el siguiente capítulo, se ha sugerido que las especies grandes que llegan a las islas tienden a disminuir de tamaño, mientras que a las pequeñas les ocurre justo lo contrario.

Los murciélagos, por razones obvias, suelen ser los únicos mamíferos capaces de colonizar islas remotas. Sin embargo, no conozco ningún ejemplo de murciélagos que hayan perdido la capacidad de volar, ya sea en islas o en cualquier otro lugar. Lo encuentro algo sorprendente. El lector podría pensar que el mismo razonamiento con el que explicamos la evolución de las aves no voladoras en las islas se debería aplicar a los murciélagos. Me pregunto, aunque sea una posibilidad remota, si simplemente no nos hemos percatado. Puede que la genética molecular descubra una especie insular de «musaraña» que haya surgido (en sentido evolutivo) de los murciélagos. Resulta divertido hacer ese tipo de especulaciones. Si hasta ahora parece que estamos equivocados, siempre existe la posibilidad de que investigaciones futuras nos den la razón. Cosas más extrañas han sucedido. ¿Quién habría adivinado, antes de que apareciera la genética molecular, que los antepasados de las ballenas eran animales de pezuña hendida? ¡Los hipopótamos son parientes más cercanos de las ballenas que de los cerdos! ¡Las ballenas son animales de pezuña hendida a pesar de que no tienen pezuña de ningún tipo!

Puede que los dodos perdieran sus alas por la falta de depredadores. Pero, por desgracia, los pobres no sobrevivieron a la llegada de los marineros en el siglo XVII. Se ha sugerido que el término *dodo* procede de una palabra portuguesa que significa «tonto». Eran tontos porque no huían de los marineros, que los golpeaban por deporte. Pero es posible que la razón por la que no huyeran fuera que en la isla no hubiera nada de lo que mereciera la pena huir; la misma razón que justifica que sus antepasados perdieran sus alas. Puede que una causa más importante de su extinción, más que ser golpeados por deporte o cazados por su carne (según algunos informes de la época, no era muy sabrosa), fueran las ratas, los cerdos y los refugiados religiosos que llegaron en barcos y compitieron con los dodos por el alimento y que, además, se comían sus huevos.

Es evidente que los cormoranes no voladores de las Galápagos descienden de los cormoranes que volaron a la isla desde tierra firme, y cuyos descendientes perdieron sus alas. Todos los cormoranes poseen el hábito de extender sus alas para que se sequen después de sumergirse en busca de peces. Es muy importante, ya que, cuando se sumergen, sus alas se empapan y, si no las secasen, no servirían para volar. No se puede decir lo mismo de la mayoría de las aves acuáticas, que engrasan sus plumas.

Los cormoranes de las Galápagos siguen extendiendo sus alas para secarlas, aunque no pueden volar por muy secas que estén. He de decir que no todos los ornitólogos apoyan la teoría de que la única razón por la que los cormoranes extienden sus alas es para secarlas y así poder volar.

Los dodos y los cormoranes de las Galápagos perdieron sus alas hace relativamente poco, durante los últimos millones de años. Los avestruces y sus parientes las perdieron mucho antes, seguramente en islas hace tiempo olvidadas a las que debieron de volar sus antepasados remotos gracias a sus alas completamente desarrolladas. Las alas que en un tiempo portaron a sus antepasados son ahora pequeñas y rechonchas. O, en el caso de los extintos moas de Nueva Zelanda, desaparecieron por completo. Los avestruces utilizan lo que les ha quedado de sus alas entre otras cosas para

EXTENDERLAS PARA SECARLAS

Los antepasados de los cormoranes no voladores de las Galápagos llegaron al archipiélago gracias a sus grandes alas llenas de plumas, como las de los cormoranes de tierra firme. Una vez allí, sus alas se fueron reduciendo con el paso del tiempo evolutivo. Pero los cormoranes de las Galápagos siguen poseyendo el hábito ancestral de extenderlas para que se sequen.

¿SE TRAGABAN LAS AVES DEL TERROR LAS PRESAS ENTERAS?
La asustada capibara corre el peligro de acabar engullida por la imponente ave del terror. Para que nos hagamos una idea de la escala, las capibaras son cobayas gigantes, del tamaño de una oveja. Las aves del terror se extinguieron (puede que el lector se alegre de saberlo). Las capibaras siguen con nosotros (puede que también le alegre saberlo).

mostrárselas a los demás avestruces y también para ayudarlos a equilibrarse mientras corren. Es especialmente necesario cuando corren a gran velocidad; de hecho, pueden correr muy muy rápido.

También hay quien sugiere que los avestruces pueden desplegar las alas cuando necesitan frenar; de la misma forma en que algunos aviones despliegan un paracaídas desde su parte trasera cuando aterrizan sobre una pista helada o corta. Los ñandúes, parientes sudamericanos de los avestruces (a los que Darwin en realidad también llamó así), poseen, en proporción, unas alas un poco más grandes, pero no lo suficiente para volar. Los ñandúes y los avestruces son parientes de los emúes australianos y de los extintos moas de Nueva Zelanda: todos ellos son ratites, y lo mismo ocurre con los kiwis.

Las aves del terror y sus parientes, que se extinguieron hace tan solo un par de millones de años en Sudamérica, no eran ratites. A diferencia de estas, eran carnívoras voraces, y su llamativo nombre es más que merecido. El ave del terror de mayor tamaño medía tres metros de alto. Las ratites son mayormente vegetarianas, con cabezas pequeñas y cuellos delgados. Las aves del terror, de las que había muchas especies, poseían enormes cabezas y cuellos anchos. No puedo evitar preguntarme si, como hacen otras aves, se tragaban las presas enteras. Puede que incluso una capibara, una especie de cobaya gigante. Y, para que el término *cobaya* no le induzca a juzgar erróneamente su tamaño y, por lo tanto, el del ave del terror, me apresuro a explicarle que una capibara adulta puede medir un metro de largo. Estamos hablando de un animal tan grande como una oveja bien alimentada. Se han observado gaviotas tragándose conejos enteros, y también polluelos de nidos vecinos de la propia colonia. Sudamérica fue el hogar de cobayas gigantes todavía más grandes, del tamaño de un hipopótamo. No se han extinguido y, aunque fueron contemporáneas de algunas aves del terror, seguramente eran demasiado grandes para sentirse amenazadas por ellas; ¡al menos no se las podrían tragar enteras! Pero ¿una capibara del tamaño de una oveja? Dado el tamaño de un ave del terror, ¿no le parecería una capibara como a una gaviota un conejo?

La cigüeña picozapato, una magnífica y fea especie africana en peligro de extinción, no es un pariente cercano de las aves del terror y es lo suficientemente pequeña para ser (apenas) capaz de volar. Pero tanto su apariencia como sus hábitos de alimentación nos dan una idea de lo que se puede sentir cuando estás a punto de ser tragado entero.

Los moas gigantes de Nueva Zelanda alcanzaron un tamaño similar al de las aves del terror, mucho más grandes que los avestruces actuales.

Mientras que las alas de la mayoría de las ratites (y de las aves del terror) son pequeñas, los moas fueron un paso más allá y las perdieron por completo. Ni las ballenas han llegado tan lejos en cuanto a la pérdida de extremidades. Han perdido sus patas traseras, pero siguen teniendo vestigios de huesos de las patas en su interior.

En el caso de los moas, no hay ni eso. Por desgracia, se extinguieron por culpa de los maoríes recién llegados. Esto ocurrió hace tan solo 600 años, aunque mi amigo neozelandés, seguramente fruto de una confusión, se equivocó cuando me contó en un pub historias sobre cómo los oía bramándose unos a otros entre los arbustos de la Isla del Sur.

Los maoríes llegaron a Nueva Zelanda hará unos 700 años; como si fuera ayer, si lo comparamos con la llegada de los aborígenes a Australia, hace unos 50.000 años. Sigue sin estar claro si los aborígenes fueron los responsables de la extinción de una gran parte de los mamíferos marsupiales de gran tamaño que vivían en Australia. También había enormes aves no voladoras como *Genyornis,* de dos metros de altura, una especie de ganso enorme. Estos «pájaros del

IMAGÍNESE TOPARSE CON UNO DE ESTOS, PERO DE TRES METROS DE ALTURA

La cigüeña picozapato es demasiado pequeña para tragarse un humano. Pero su mirada torva nos da una idea de lo que podría haber sido encontrarse con un ave del terror.

EL ROC DE LAS MIL Y UNA NOCHES

El roc, capaz de levantar un elefante, nunca existió ni podría haber existido. Pero ¿surgió esa leyenda a partir de los relatos de los viajeros sobre el ave elefante no voladora de Madagascar?

trueno» australianos no eran parientes cercanos de las ratites; ni de las aves del terror, cuyos parientes vivos más cercanos son las chuñas de Sudamérica, unas aves de patas largas y elegantes crestas que son bastante más pequeñas.

Otras aves gigantescas eran las llamadas aves elefante de Madagascar, otras ratites que no podían volar. Existían varias especies de aves elefante. La de mayor tamaño de todas, rebautizada hace poco como *Vorombe titan*, medía tres metros de altura. Pasemos ahora a una tentadora fantasía que tiene que ver con el hecho de volar. La historia de Simbad, el Marino, es una de las extravagantes leyendas que aparecen en *Las mil y una noches*. Una de las aventuras más inquietantes que vivió Simbad fue su encuentro, en una isla, con un ave gigantesca llamada «roc», que alimentaba a sus crías con elefantes. Simbad necesitaba salir de la isla, así que enganchó su turbante desenredado a las poderosas garras del roc mientras este empollaba su igualmente imponente huevo.

Marco Polo, el explorador veneciano de la Edad Media, también mencionó al roc. Dijo que era tan grande que podía agarrar un elefante, elevarlo y soltarlo desde una gran altura para matarlo. Resulta interesante que creyera que el roc procedía de Madagascar. ¿Madagascar? Allí es donde encontramos los restos de aves elefante. Puede que la leyenda del roc empezara a partir de relatos de viajeros sobre aves gigantescas vistas en Madagascar y que, luego, los rumores fueran exagerando poco a poco su tamaño y se fuera olvidando un dato relevante, conocido por aquellos que lo habían podido ver y no por los que habían propagado el rumor: que no podían volar. Las aves elefante se extinguieron hace poco, puede que a finales del siglo XIV; es posible que, como los moas, se debiera a que los humanos recién llegados se los comían, a ellos y sus huevos; y porque aclararon el bosque para crear campos de cultivo, destruyendo así el hábitat en el que vivían estas grandes aves. No hemos per-

«UNA DE LAS COSAS
QUE MÁS VALORO»
El joven David Attenborough
ensambló las piezas de un
huevo de ave elefante.

dido la esperanza de que puedan revivir algún día, quizá gracias al ADN extraído de las cáscaras de sus huevos, que todavía se pueden encontrar en abundancia en las playas de Madagascar. Puede que también podamos revivir a los moas. ¿No sería maravilloso? Por cierto, resulta sorprendente que el pariente vivo más cercano de las gigantescas aves elefante sea la ratite más pequeña de todas, el kiwi de Nueva Zelanda.

En una playa de Madagascar, David Attenborough pagó a los nativos para que le encontraran fragmentos de huevo que, posteriormente, junto con un compañero del equipo de grabación, pegó con cinta adhesiva para reconstruir así, casi por completo, la cáscara de un huevo de ave elefante. Esos huevos tenían un volumen ciento cincuenta veces superior al del huevo que nos tomamos para desayunar. Con él se podría preparar el desayuno de toda una compañía militar. Las cáscaras de huevo de las aves elefante son extraordinariamente gruesas, casi tanto como el cristal reforzado del parabrisas de un coche. Necesitaríamos un hacha para romper el huevo con el que prepararíamos el desayuno para todo ese pelotón. Eso nos hace preguntarnos cómo lograban salir los polluelos.

Por cierto, este es otro caso en el que la evolución está llena de compromisos o soluciones intermedias, como ocurre con la economía humana. En lo que respecta a las cáscaras de huevo, cuanto más gruesas sean, más difícil será que las rompan los depredadores o que se resquebrajen accidentalmente por el peso de los progenitores cuando los empollan. Pero, al mismo tiempo, la cáscara gruesa es difícil de quebrar para el polluelo cuando llega la hora de salir. Y, cuanto más gruesa sea, más recursos como el calcio se tendrán que invertir en su fabricación. A los evolucionistas teóricos les encanta hablar de compromisos entre las «presiones de selección». Las diferentes presiones de selección empujan continuamente a las especies que están evolucionando en diferentes direcciones, lo que da como resultado una solución intermedia. La selección natural de los depredadores ejerce una presión, en tiempo evolutivo, que favorece que las cáscaras vayan siendo cada vez más gruesas. Pero, al mismo tiempo, existe una presión opuesta para que las cáscaras sean más delgadas, ya que algunos polluelos quedan atrapados dentro de los huevos cuya cáscara es demasiado gruesa y dura. Por otro lado, esos mismos genes fabrican cáscaras que a los depredadores no les cuesta mucho esfuerzo romper. Algunos polluelos mueren por una razón, mientras que otros mueren por la razón contraria. Esto, en lo que respecta al grosor de la cáscara de los huevos. A medida que se van sucediendo las generaciones, la cáscara promedio va teniendo un grosor intermedio, un compromiso entre las presiones opuestas.

En las aves voladoras entra en juego otra presión: la necesidad de ser ligeras. Las aves voladoras hacen todo lo posible por reducir su peso, por ejemplo, teniendo huesos huecos y nueve sacos aéreos en diversas partes del cuerpo. Una buena parte de todo lo ganado con estas medidas podría no servir de nada si los huevos fueran pesados. Está claro que es precisamente por ese motivo por el que las aves solo portan en su interior un único huevo plenamente formado. Una puesta puede estar formada por muchos huevos, pero la madre no empieza a incubarlos hasta que ha puesto el último, de modo que todos los polluelos nazcan al mismo tiempo. En algunas aves de presa podemos ver otro compromiso adicional, aunque bastante cruel. Las madres ponen más huevos de los que esperan criar. Si un año es excepcionalmente bueno en cuanto a disponibilidad de alimento, puede que los críen a todos. Pero, en un año normal, el polluelo más pequeño morirá, seguramente asesinado por sus hermanos. El polluelo más pequeño es una especie de prima de seguro sobre la vida de los mayores.

Los mamíferos, por lo general, son diferentes. Al no estar condicionadas por la presión selectiva de tener que ser muy ligeras, las hembras preñadas suelen portar en su interior varios embriones de forma simultánea (el récord, treinta y dos, lo tiene un tenrec de Madagascar; se parece un poco a un erizo y no se puede evitar sentir lástima por la madre que va a dar a luz). Pero no ocurre eso en los murciélagos, que solo paren una cría, por la misma razón que hemos visto en el caso de las aves. Ni tampoco los humanos, aunque en este caso es por otra razón. No tenemos grandes camadas seguramente por culpa de nuestro gran cerebro. Sea cual sea la razón por la que nuestro cerebro es tan grande (y seguro que es buena), eso hace que el parto sea excepcionalmente difícil y doloroso. Antes de la aparición de la medicina moderna, un porcentaje escandalosamente alto de mujeres morían en el parto, y el principal problema era la enorme cabeza del bebé. Una vez más, aparece el compromiso en un tema evolutivo. Los bebés humanos reducen el peligro que corre su madre si nacen durante una etapa relativamente temprana de su desarrollo, pero no tanto como para poner en peligro su propia supervivencia. Su cabeza sigue siendo demasiado grande para el bienestar de la madre, y si son gemelos o camadas más grandes, el problema empeora. Al verse forzados a nacer pronto, los bebés humanos son inusualmente dependientes de sus progenitores en comparación con otros grandes mamíferos. No podemos andar hasta que no tenemos un año de edad. Un bebé ñu empieza a caminar nada más nacer. También nacen de uno en uno porque han de ser capaces de andar, incluso de correr, prácticamente desde que salen del vientre materno. Si nacieran en camadas más numerosas, no serían lo suficientemente grandes para poder seguir el ritmo de la migración de la manada.

La tecnología humana está plagada de presiones que empujan en direcciones incompatibles. En este caso, las presiones operan no en una escala de tiempo evolutivo, sino en un espacio de tiempo lo suficientemente corto para que se puedan crear numerosos diseños en la mesa de dibujo. Como las aves, los aviones han de ser lo más ligeros posible. Pero, al igual que las cáscaras de huevo, también necesitan ser resistentes. Los dos objetivos son incompatibles, por lo que se ha de alcanzar un compromiso, un equilibrio, como hemos visto. Los viajes en avión podrían ser más seguros de lo que son. Pero eso no solo costaría más dinero, sino también molestias y retrasos incómodos. Una vez más, hay que encontrar un equilibrio. Si la seguridad tuviera un valor incalculable, todos los pasajeros serían desnudados y registrados, y todas las maletas serían abiertas por los guardias de seguridad. Pero la compensación adoptada que se considera aceptable no llega a esos extremos draconianos. Aceptamos que exista algo de riesgo. Por muy desagradable que esto resulte a los idealistas acostumbrados a pensar como economistas, la vida humana no tiene un valor incalculable. Le damos un valor monetario. La normativa para aviones militares y civiles ha adoptado diferentes soluciones intermedias respecto a la seguridad. Compromisos económicos y soluciones intermedias que son fundamentales tanto para la tecnología como para la evolución, ideas que aparecen constantemente a lo largo de este libro.

¿Por qué los murciélagos son los únicos mamíferos que pueden volar? La realidad es que los murciélagos representan una proporción respetable de todos los mamíferos. Casi una quinta parte de todas las especies de mamíferos son murciélagos. Pero ¿por qué no vemos leones alados rugiendo y persiguiendo por los cielos a antílopes igualmente alados? Esta es fácil de responder. Tanto los leones como los antílopes son demasiado grandes. Pero ¿y las ratas? Casi un 40 por ciento de todas las especies de mamíferos son roedores. ¿Por qué ninguna de ellas ha desarrollado alas, pero sí que han aprendido a escabullirse, a olfatear y a roer durante sus 50 millones de años de historia evolutiva? Tal vez la respuesta sea que los murciélagos llegaron primero. Si una pandemia vírica exterminara a todos los murciélagos, creo que los roedores aprovecharían la ocasión, no solo como planeadores (algunas especies ya planean), sino como auténticos voladores. Pero no debemos olvidarnos de la economía. Resulta muy costoso desarrollar unas alas, y todavía más utilizarlas, sobre todo si las baten. Tienen que justificar su coste. Y, como vimos en el caso de las hormigas, las alas pueden estorbar. Si eres una rata topo desnuda que vive bajo tierra (esas pequeñas y deliciosamente feas criaturas excavadoras que viven en grupos sociales con una «reina» superreproductora, por lo que en cierto sentido son parecidas a las hormigas o las termitas), las alas serían una desventaja.

Empezaremos ahora nuestra lista de los distintos métodos que han utilizado los animales para vencer a la gravedad y elevarse del suelo. La forma más fácil y menos trabajosa de elevarse puede que también sea la más sencilla: optar por la solución opuesta a la del mítico roc, el verdadero avestruz o el ave del terror. No seas grande. Sé pequeño.

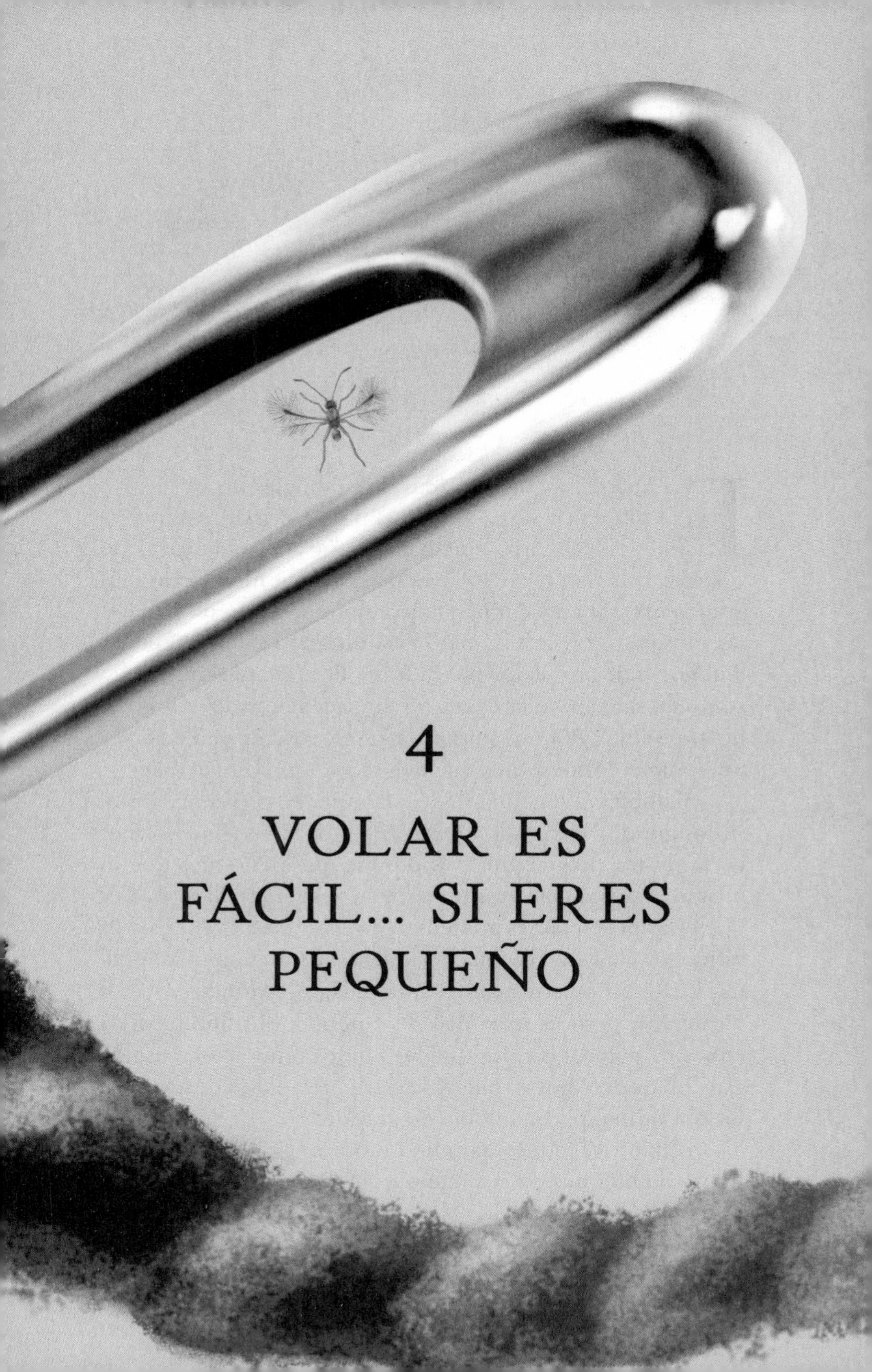

4

VOLAR ES FÁCIL... SI ERES PEQUEÑO

4
Volar es fácil... si eres pequeño

Es una pena que las hadas de Cottingley no existieran. A diferencia de los ángeles, Buraq o Pegaso, esas personitas imaginarias tenían el tamaño adecuado para que volar les resultara fácil. Volar es más complicado cuanto más grande eres. Si eres tan pequeño como un grano de polen o un mosquito, no te supondrá casi ningún esfuerzo. Puedes limitarte a dejarte llevar por la brisa. Pero si eres tan grande como un caballo, volar pasa a ser enormemente dificultoso, si no imposible. ¿Por qué importa tanto el tamaño? La razón es interesante. Primero necesitamos recurrir a las matemáticas.

Si doblamos el tamaño de cualquier cosa (por ejemplo, su longitud, y haciendo crecer el resto de las dimensiones en la misma proporción), es posible que pensemos que lo mismo ocurrirá con su volumen y su peso. Pero la verdad es que estas propiedades aumentan 8 veces ($2 \times 2 \times 2$). Y esto es válido sea cual sea la forma de aquello que queramos aumentar, incluidas personas, aves, murciélagos, aviones, insectos y caballos, pero es más fácil de entender si utilizamos los cubos de colores con los que juegan los niños. Coja uno de esos bloques. Ahora apile los suficientes para conseguir la misma forma, pero el doble de grande.

¿Cuántos bloques hay en el montón grande? Ocho. La figura de bloques cuyo tamaño es el doble pesa ocho veces

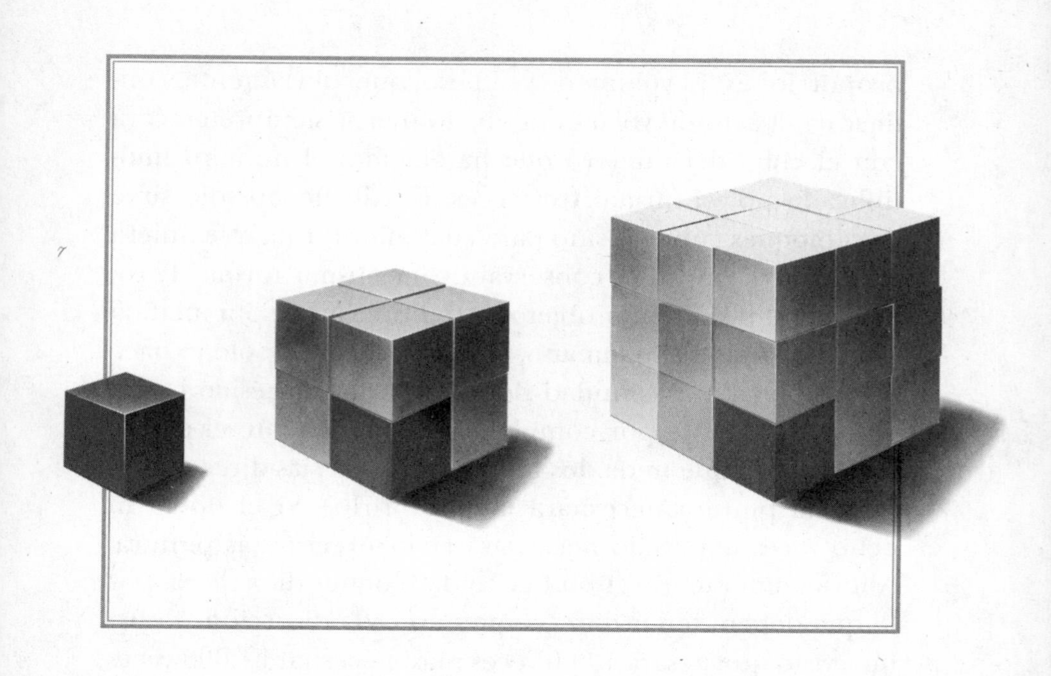

LAS COSAS PEQUEÑAS TIENEN UN ÁREA SUPERFICIAL RELATIVAMENTE GRANDE

Si intenta aumentar el tamaño de algo, su volumen (y, por tanto, su peso) se incrementa de forma más pronunciada que su área superficial. Eso se ve más fácilmente con los bloques cúbicos, pero es válido para cualquier cosa, incluidos los animales.

más que la compuesta por un solo bloque y que tiene la misma forma. Si ahora desea construir otra forma igual que sea tres veces más grande, verá que necesitará veintisiete bloques: 3×3×3, o 3 al cubo. Y, si intenta construir una figura compuesta por diez bloques en cada dirección, lo más seguro es que se quede sin material, porque necesitará una gran cantidad: 10 al cubo (1.000).

Coja cualquier forma y multiplique su tamaño por algún número para que aumente conservando las mismas proporciones. El volumen (y el peso, que, obviamente, condiciona el acto de volar) del objeto mayor siempre crecerá con el cubo del número que ha elegido: el número multiplicado por sí mismo tres veces. El cálculo no solo sirve para bloques cúbicos, sino para cualquier forma que quiera aumentar y que siga conservando la misma forma. Pero, aunque el peso de un objeto se multiplica por 3 a medida que aumentamos su tamaño, el área superficial solo lo hace por 2. Calcule la cantidad de pintura que necesitará para pintar un bloque por completo. Ahora aumente el objeto de tal forma que mida dos bloques en todas las direcciones. ¿Cuánta pintura necesitará para cubrirlo? Ni el doble ni ocho veces más. Solo necesitará cuatro veces más pintura. Ahora aumente ese cubo hecho de bloques diez veces, por lo que deberá tener diez bloques en cada dirección. Ya hemos visto que pesará 1.000 veces más: necesitará 1.000 veces más madera. Pero solo 100 veces más pintura. Por lo que, cuanto más pequeño sea uno, más área superficial relativa a su peso tendrá. En el próximo capítulo volveremos a hablar del área superficial y de por qué es importante.

Sigamos con algunos de los seres fantásticos voladores, entre ellos, los ángeles, con los que empezamos el libro. Imagínese un ángel como una persona con alas, o un hada agrandada hecha a escala humana. Por regla general, el arcángel Gabriel aparece retratado en las pinturas con una altura similar a la de un humano medio, digamos 1,70 metros. Unas diez veces más alto que las hadas de Cottingley. Así que Gabriel no sería diez veces más pesado que esas hadas, sino 1.000 veces más. Piense ahora en el tremendo esfuerzo que deberían realizar las alas para levantar al ángel. Y las alas a escala no tendrían una superficie mil veces superior a las del hada, sino solo cien.

Si el lector ha visitado la Galería Uffizi en Florencia, habrá visto la *Anunciación* de Leonardo da Vinci, un cuadro de una belleza deslumbrante. En él aparece el arcángel

¿SE PREGUNTÓ LEONARDO SI LAS ALAS
DE GABRIEL ERAN DEMASIADO PEQUEÑAS?
La *Anunciación*, pero con unas alas lo suficientemente
agrandadas para poder levantar a Gabriel. Aun así,
¿en qué lugar del cuerpo estarían situados los enormes
músculos pectorales necesarios para impulsarlas?
¿Y la quilla del esternón a la que van unidos los músculos?
Leonardo era demasiado buen anatomista
para no pensar en ello.

Gabriel con unas alas sorprendentemente pequeñas. Esas alas lo tendrían difícil para levantar a un niño, así que mucho más para levantar al Gabriel, alto como un hombre (y con rasgos femeninos), que pintó Leonardo. Se ha sugerido que Leonardo pintó inicialmente unas alas aún más pequeñas, pero que luego las agrandó un artista posterior. Pero no lo suficiente. Ni de cerca.

Hemos manipulado nuestra reproducción para que las alas sean un poco más aptas para volar. Por desgracia, estropea la belleza de la pintura. Y eso es quedarse corto. Son tan absurdas que se salen del marco.

UN DIMINUTO COLIBRÍ CON SU ENORME QUILLA
Vea lo grande que es la quilla del esternón en comparación con el resto del cuerpo, incluso en un pájaro tan pequeño. Tiene que ser grande para que se le puedan anclar los costosos músculos necesarios para volar.

En la *Anunciación* de Leonardo, el nacimiento de las alas, a diferencia del resto del exquisito cuadro, está tan torpemente dibujado que da la impresión de que se sentía avergonzado por lo absurdo del asunto. Puede que al gran anatomista le preocupara la ubicación de los enormes músculos necesarios para volar. ¿Y el esternón al que van anclados? Si hubiera dibujado la quilla necesaria, habría ocupado una buena porción de la mesa ante la que está sentada la Virgen María. Pegaso, que era un caballo y, por lo tanto, más pesado, habría necesitado una quilla aún más grande. La quilla del Buraq se golpearía contra el suelo cuando la pobre criatura intentara caminar. Fíjese en la relativamente enorme quilla del colibrí, uno de los pájaros más pequeños, pero cuyo vuelo es muy enérgico. Con esa referencia, piense ahora cómo tendría que ser de grande la de Pegaso. Aunque hemos de decir que los murciélagos, en realidad, no tienen la misma clase de quilla que las aves: su esternón es más grande y fuerte para poder realizar el mismo trabajo.

Es cierto que las alas del Gabriel de Leonardo son demasiado pequeñas. Pero ¿cómo podríamos calcular el tamaño adecuado de las alas que necesitaría una criatura de tamaño humano para poder volar? Sería más sencillo si, como hacen los diseñadores de Boeing o Airbus, pudiéramos utilizar las matemáticas que rigen el comportamiento de los aviones de ala fija. Y ya son bastante difíciles. Pero las alas de los seres vivos ajustan su forma según la necesidad del momento. Para complicar las cosas, baten las alas siguiendo patrones complicados, y las consiguientes corrientes y remolinos de aire dificultan todavía más los cálculos. Probablemente, lo más fácil sea renunciar a los cálculos teóricos y buscar en el mundo un ave tan grande como un humano.

En la actualidad, ninguna de las aves de mayor tamaño puede volar, por ejemplo, los avestruces. Pero algunas de las ya extinguidas, cuyo peso era similar al de una persona, sí que volaban. El *Pelagornis* era un ave marina gigantesca. Probablemente vivía y volaba como un albatros y tenía unas alas finas como las de este, pero el doble de largas. No obstante, a diferencia del albatros, tenía dientes; bueno, no dientes auténticos, sino espículas a lo largo del pico que parecían y hacían las funciones de dientes, seguramente ayudando al ave a atrapar peces y a evitar que se escapasen.

Veremos más adelante que los albatros logran elevarse de una manera especial y astuta, explotando los vientos que golpean contra las olas, y es muy posible que el *Pelagornis* hiciera algo parecido. La envergadura de sus alas era de unos seis metros.

Otra ave que superaba en tamaño al *Pelagornis*, o que al menos era más pesada, aunque con una envergadura aproximada, era el *Argentavis magnificens*, cuyo nombre en latín significa, más o menos, «ave magnífica de Argentina». Probablemente, el *Argentavis* estaba emparentada con el actual cóndor de los Andes, una espléndida ave de gran tamaño (por desgracia, en peligro de extinción); pero el *Argentavis* era mucho más grande. Pesaba unos ochenta kilogramos, más o menos lo que un hombre adulto de buena complexión, aunque sus alas eran responsables de una gran parte de su peso. Sus alas no eran tan delgadas como las del albatros o el *Pelagornis*; eran más cuadradas, como las del cóndor. Y tenían mucha más superficie, la necesaria para poder levantar un ave que podía pesar más que diez albatros. Las alas del *Argentavis* tenían una superficie de unos ocho metros cuadrados, más o menos la de un paracaídas deportivo moderno. Es razonable pensar que planeaba y se elevaba gracias a las corrientes ascendentes, como hacen los cóndores y buitres modernos, que solo baten las alas de manera ocasional.

Probablemente, el animal volador más grande haya sido el *Quetzalcoatlus*, que no era un ave, sino un pterosaurio.

Los pterosaurios componían un gran grupo de reptiles voladores a los que se suele llamar «pterodáctilos», si bien técnicamente ese es el nombre de una clase concreta de pterosaurios, mucho más pequeña que el *Quetzalcoatlus*. Estrictamente hablando, los pterosaurios no eran auténticos dinosaurios, pero estaban emparentados con ellos y desaparecieron también al mismo tiempo, durante la gran extinción de finales del Cretácico.

LAS AVES VOLADORAS MÁS GRANDES QUE JAMÁS HAN EXISTIDO

Los extintos *Pelagornis* y *Argentavis*, y un paracaidista, para comparar sus tamaños.

EL *QUETZALCOATLUS* HA SIDO, PROBABLEMENTE,
EL ANIMAL MÁS GRANDE QUE HA PODIDO VOLAR

Por supuesto, nunca pudo coincidir con una jirafa; están separados por unos 70 millones de años. Pero, si se hubieran puesto uno al lado del otro, se podrían haber mirado directamente a los ojos. ¿Puede imaginarse a una jirafa levantando el vuelo?

El *Quetzalcoatlus* era monstruosamente grande. La envergadura de sus alas era de entre diez y once metros, comparable a la de una avioneta Piper Cub o Cessna, y mayor que la de cualquier ave, incluido el *Argentavis.* Erguida, podría haber mirado directamente a los ojos a una jirafa. Y es probable que se pusiera en pie, con sus alas plegadas, sobre sus nudillos delanteros y sus patas traseras. Sin embargo, gracias a sus huesos huecos (algo que comparte con todos los vertebrados voladores), el *Quetzalcoatlus* solo pesaba una cuarta parte de lo que pesa una jirafa. Como la mayoría de las grandes aves, es muy probable que pasara la mayor parte del tiempo en vuelo, si no todo, planeando. Una vez en el aire, debía mantenerse en él durante largos períodos desplazándose enormes distancias a altas velocidades. El tamaño del *Quetzalcoatlus* era el mayor que podía tener un animal cuyo vuelo dependiera de sus músculos. Imagino que prefería planear desde lugares altos, pero, si alguna vez necesitaba despegar desde el suelo, tenía que costarle mucho. Puede que utilizase sus poderosas extremidades delanteras a modo de pértigas con las que se impulsaba y elevaba. Puede que el lector se pregunte cómo podía un cuello tan largo soportar la enorme cabeza de un animal volador. Investigaciones recientes han descubierto que los huesos de las vértebras del cuello estaban prácticamente huecos (para ser más ligeros) y tenían una red de puntales de refuerzo que se extendían hacia fuera, como los radios de la rueda de una bicicleta, desde un buje por el interior del cual corría la médula espinal.

No sabemos si estos antiguos aeronautas, gigantescos y curtidos, podían batir sus alas o si solo se elevaban y planeaban. Esa es una diferencia muy importante y volveremos a hablar de ella en capítulos posteriores.

Por cierto, volar no es la única actividad que se complica cuando eres grande. También resulta difícil caminar.

Incluso estar de pie. Los gigantes de los cuentos de hadas son representados como hombres feos de gran tamaño. Si los huesos de un ogro de 9 metros de altura fueran como los huesos humanos normales, pero a la escala correspondiente, se romperían por culpa del peso. El ogro no pesaría cinco veces más que un hombre de 1,80 metros, sino 125 veces más. Para evitar desmoronarse y sufrir un montón de dolorosas fracturas, los huesos del gigante tendrían que ser mucho más gruesos que los huesos humanos normales. Como los huesos de los elefantes y los grandes dinosaurios, deberían ser gruesos como los troncos de los árboles, tanto que parecerían desproporcionados incluso para su longitud.

Uno de los aspectos de los animales que la evolución ha podido modificar con más facilidad es el tamaño, en cualquier dirección. Como vimos cuando hablamos de los dodos de Mauricio, los animales que se trasladan a una isla suelen ir aumentando de tamaño; es lo que se llama «gigantismo insular». Aunque, bajo determinadas circunstancias, algunos recién llegados a las islas evolucionan en la dirección contraria, disminuyendo de tamaño (enanismo insular), como los elefantes enanos que vivieron en Creta, Sicilia y Malta, que apenas llegaban al metro de altura y que debieron de ser encantadores. Según la regla de Foster, los animales que antes de su llegada a la isla eran pequeños tienden a hacerse más grandes, y los que eran grandes ven reducido su tamaño. No estoy seguro de si tenemos del todo claro por qué ocurre esto. Una de las razones sugeridas es que los animales que son presas (por lo que suelen ser pequeños) se

hacen más grandes por la ausencia de depredadores. Pero los animales grandes se vuelven más pequeños porque, al disponer de menos superficie en la isla, los alimentos están más limitados.

A estas alturas el lector ya sabrá que un cambio evolutivo en el tamaño no implica simplemente un aumento o una disminución a escala del tamaño original. Las proporciones también han de cambiar siguiendo esas leyes matemáticas que hemos aprendido con los bloques de juguete. Toda la forma del animal debe cambiar. Los animales que se hacen más pequeños se vuelven más largos y delgados. Los que van aumentando de tamaño ven que sus extremidades se vuelven más gruesas y fuertes. Todas las proporciones del animal cambian a la vez que cambia su tamaño, no solo los huesos, sino también el corazón, el hígado, los pulmones, los intestinos y los demás órganos. Y todo eso ocurre por las razones matemáticas que hemos explicado al principio de este capítulo.

Volvamos al título del capítulo. Si eres realmente pequeño, como un hada o un mosquito, volar te resultará fácil. Como las telarañas o los vilanos, la más ligera ráfaga de viento puede hacerte volar. Si necesitas alas, no serán tanto para despegar como para dirigir el vuelo.

Las hadas de Cottingley podrían haberse permitido tener alas muy pequeñas, y las podrían haber utilizado

sin demasiado esfuerzo muscular. El hada que aparece en *Peter Pan* se llama Campanilla («Tinkerbell», en inglés). Como dato curioso, los insectos voladores más pequeños son las mimáridas (una familia de avispas, pero ahora eso no importa) y el nombre en latín de una de sus especies es *Tinkerbella nana* («Nana» es la perra niñera de los hijos de los Darling que aparece en *Peter Pan*). Las finas «plumas» de la *Tinkerbella nana* son técnicamente alas, pero lo más seguro es que las utilice para «remar» en el aire en el que flota, y no para obtener sustentación. Las alas de otras especies de mimáridas son más convencionales. Estos son los animales voladores más pequeños conocidos hasta ahora. Insectos tan pequeños como estos no tendrían problemas para mantenerse en el aire. En cambio, les costaría mucho bajar al suelo.

Ser pequeño está muy bien. Pero ¿qué ocurre si necesitas ser grande por alguna razón y, aun así, sigues teniendo que volar? Hay muchas razones por las que es bueno ser grande, a pesar de los elevados costes económicos que ello supone. Los animales pequeños son susceptibles de ser capturados para servir de alimento y no pueden atrapar grandes presas. Te será mucho más fácil intimidar a los rivales de tu propia especie, rivales entre otras cosas para el apareamiento, si eres más grande que ellos. Si, por la razón que sea, no puedes ser pequeño, pero sigues teniendo que volar, debes encontrar otra solución para poder despegar del suelo. Y esto nos lleva al siguiente capítulo.

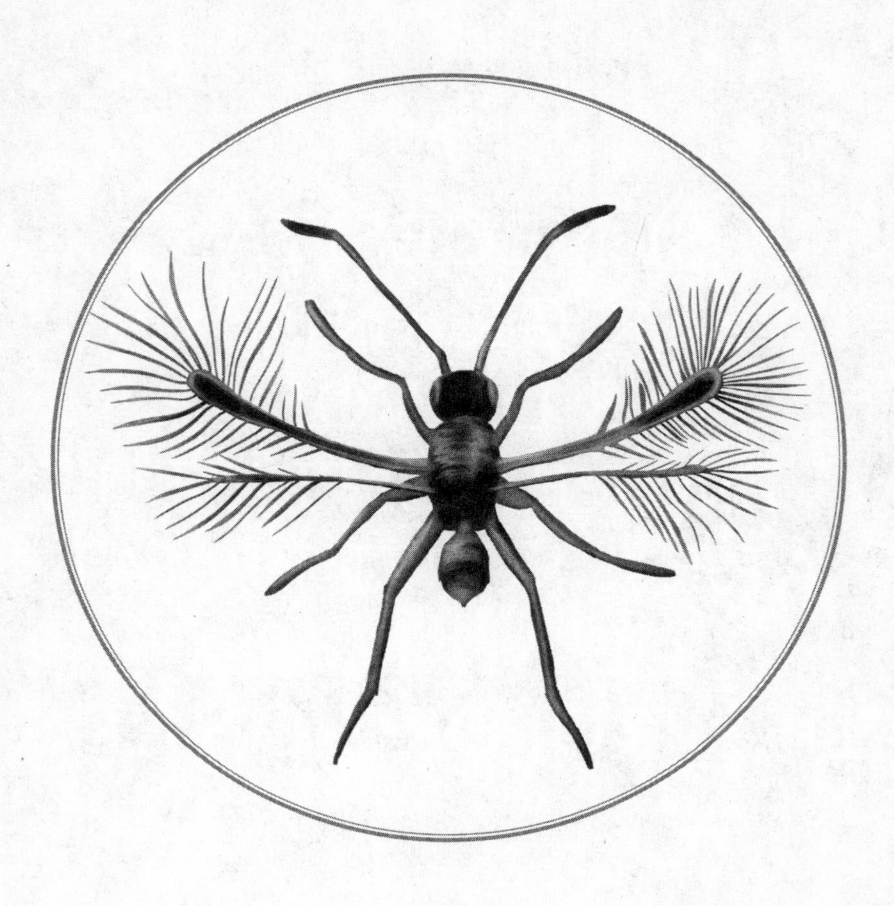

TINKERBELLA

En la imagen del inicio de este capítulo, un ejemplar de *Tinkerbella nana* aparece volando a través del ojo de una aguja. Su envergadura ronda los 0,25 milímetros.

5

SI NECESITAS SER GRANDE Y HAS DE VOLAR, INCREMENTA TU ÁREA SUPERFICIAL DE MANERA DESPROPORCIONADA

ARDILLA VOLADORA

Sería más apropiado llamarla «ardilla planeadora» o «ardilla paracaidista». El patagio, una membrana de piel situada entre las extremidades, incrementa el área superficial del animal y le permite planear con seguridad de árbol en árbol.

5

Si necesitas ser grande y has de volar, incrementa tu área superficial de manera desproporcionada

En el capítulo anterior hemos visto que los animales pequeños poseen un área superficial relativamente grande en comparación con su peso, de ahí que no les cueste demasiado trabajo volar. Lo pudimos ver gracias al pequeño cálculo matemático que realizamos con los bloques infantiles. Medimos el área superficial de algo como la cantidad de pintura que necesitaríamos para cubrir esa cosa por completo. O la cantidad de tela que necesitaríamos para taparlo. Si un ángel tiene la misma forma que un hada, pero es diez veces más alto, la superficie de piel que le cubre sería 10 al cuadrado o cien veces mayor, mientras que su volumen y el peso serán 1.000 veces mayores.

Pero ¿qué tiene que ver el área superficial con el acto de volar? Cuanta más superficie tengas, más aire podrás atrapar. Coja dos globos idénticos. Hinche uno para que tenga una gran área superficial y deje el otro como poco más que un pequeño trozo fofo de goma. Suéltelos de forma simultánea desde la torre inclinada de Pisa.

¿Cuál llegará primero al suelo? El que no se ha inflado con aire, aunque no sea más pesado (de hecho, es más ligero). Por supuesto, si los soltamos en el vacío llegarán al suelo al mismo tiempo (para ser realistas, en el vacío, el globo inflado explotaría, pero seguro que entiende lo que

UN BIPLANO
Los aviones lentos requieren una superficie alar relativamente grande para soportar un peso determinado. Los biplanos no son muy rápidos y, en la actualidad, ya no quedan muchos.

quiero decir). He dicho «por supuesto», pero eso habría sorprendido a todo el mundo hasta que apareció Galileo. Demostró que incluso una pluma y una bola de cañón llegarían al suelo al mismo tiempo si se soltaban en un vacío.

La cuestión que vamos a tratar en este capítulo es la siguiente: ¿qué ocurre si un animal necesita ser grande por alguna razón y, además, ha de volar? Deberá compensarlo aumentando su área superficial de forma desproporcionada: desarrollando proyecciones, por ejemplo, plumas (si es un ave) o prolongaciones finas de piel (si es un murciélago o un pterodáctilo). Por mucho material que contenga tu cuerpo (tu volumen o tu peso), si extiendes parte de ese volumen creando una gran superficie habrás dado un paso que te facilitará el vuelo. O, al menos, te permitirá descender suavemente, como si llevaras un paracaídas, o flotar en la brisa. Esta es la razón por la que nuestra versión del ángel de Leonardo necesitaba esas alas descomunales. Los ingenieros lo expresan de forma matemática con algo que llaman «carga alar». La carga alar de un avión es su peso dividido por la superficie del ala. Cuanto mayor sea la carga alar, más difícil será mantenerse en el aire.

Cuanto más rápido vuela un avión, o un ave, más sustentación logra por cada centímetro cuadrado de ala. Los aviones rápidos de un cierto peso pueden tener unas alas con menos superficie y, aun así, mantenerse en el aire. Esto explica por qué las alas de los aviones lentos suelen tener mucha más superficie que las de los aviones rápidos. Antes de que se alcanzaran las altas velocidades actuales, los primeros aviones solían ser biplanos. De esa forma, las alas tenían el doble de superficie, aunque también aumentaba la resistencia. Por la misma razón, también se llegaron a construir triplanos.

Por cierto, dejemos el tema del vuelo por un momento. La relación entre el área superficial y el volumen es muy importante para los seres vivos, tanto que nos permite una interesante digresión. Al igual que las alas incrementan su área superficial para que el animal pueda volar, hay muchos órganos que incrementan su área superficial interna para cumplir con las exigencias del aumento del tamaño del cuerpo. Por ejemplo, los pulmones.

El volumen o el peso de un animal son una buena medida del número de células que contiene su cuerpo. Los animales más grandes no tienen células más grandes, simplemente tienen más. Todas esas células, ya sean de un elefante o un ratón, necesitan que les suministren oxígeno y otras sustancias vitales. Una pulga tiene menos células que un elefante, y esas células nunca están lejos del aire. El oxígeno no tiene que recorrer mucho camino para llegar hasta ellas. Una persona adulta tiene unos 30 billones de células, y solo una mínima fracción de ellas son células epiteliales que están en contacto directo con el aire. Aunque el área superficial de una persona es mucho mayor que la de una pulga, solo una pequeña proporción de nuestras células se halla en nuestra superficie exterior. Los animales grandes compensamos nuestra falta de superficie externa haciendo crecer una gran superficie interna que está expuesta al aire. Eso es lo que son los pulmones. En su interior hay un intricado sistema de tubos ramificados y subramificados que acaban en diminutas cámaras llamadas «alveolos». Tenemos unos 500 millones y su área total, si se desplegaran, cubriría una buena parte de una pista de tenis. Toda esa superficie interior está expuesta al aire y provista de numerosos vasos sanguíneos. Incluso los insectos, a pesar de ser mucho más pequeños, incrementan su superficie expuesta al aire gracias a un sistema interno de tubos ramificados con salida al exterior denominados «tráqueas». Es como si todo el cuerpo del insecto fuera un pulmón.

Los vasos sanguíneos de nuestros pulmones se ramifican una y otra vez para proporcionar una gran área superficial con la que recoger el oxígeno de los pulmones y distribuirlo a todas las células del cuerpo, por ejemplo, a las células musculares que lo necesitan para obtener energía. Los vasos sanguíneos capilares constituyen un área interna gigantesca para recolectar y distribuir, aportando de esta manera suministros a todas las células. Para sobrevivir, una célula típica necesita estar a una distancia de menos de un 5 por ciento de un milímetro del capilar más cercano. Es decir, a dos o tres veces el diámetro de una célula del capilar más cercano. Los capilares recogen las sustancias alimenticias de los intestinos, los cuales también cuentan con una enorme área superficial interna, casi como una pista de tenis. Piense en la enorme longitud de intestino que tenemos enrollado en nuestro interior y compárela con la de una lombriz de tierra, un tubo recto que va de un extremo de la lombriz al otro. Nuestros riñones están llenos de incontables tubos diminutos que, una vez más, suponen una gran área superficial, donde se filtra la sangre y se extraen de ella las sustancias de desecho. Si estirásemos todos nuestros vasos sanguíneos y los pusiéramos uno a continuación del otro, la mayoría de ellos, diminutos capilares, llegarían a dar la vuelta al mundo más de tres veces. Eso hace que el área superficial de contacto entre la sangre y las células sea descomunal. La mayoría de los órganos grandes de nuestro interior, no solo los pulmones o los intestinos, sino también el hígado, los riñones, etcétera, aumentan el área superficial efectiva de contacto entre la sangre y las células. Y resulta que las grietas y hendiduras de un arrecife de coral, la corteza de los árboles y las innumerables hojas de un bosque aumentan enormemente el área superficial disponible para que la vida pueda desarrollarse sin problemas.

La conclusión de esta digresión es que el título de este capítulo: «Si necesitas ser grande, incrementa tu área superficial», no solo se aplica al acto de volar, sino también a la respiración, la circulación de la sangre, la digestión, la eliminación de residuos y prácticamente a cualquier actividad que tenga lugar en el interior de un animal, además de otros ejemplos que vemos en el exterior. Pero ahora regresemos al tema del vuelo.

Como ya hemos dicho con anterioridad, cuanta más área superficial tenga un animal en relación con su peso, más lento descenderá por el aire y más fácil le será conseguir la sustentación necesaria para volar. Tanto para el vuelo batido como para el planeo, tener alas es la mejor solución para contar con una gran área superficial. En los murciélagos y los pterosaurios son capas finas de piel. Las superficies delgadas necesitan un soporte, ya sea óseo o algo equivalente. La evolución es oportunista: tiende a modificar lo que ya está disponible en lugar de hacer brotar algo completamente nuevo. En teoría podríamos imaginar unas alas que surgen de la espalda como ocurre en las representaciones de los ángeles. Pero eso implicaría desarrollar nuevos huesos en los que apoyarse. ¿Qué huesos disponibles se podrían utilizar para proporcionar anclaje a las superficies de vuelo? Como veremos más adelante, hay lagartijas que se deslizan sobre una delgada membrana que sobresale lateralmente y que se apoya en las costillas. Pero otros voladores más profesionales como los murciélagos, las aves y los pterosaurios utilizan los brazos, que ya cuentan con huesos y músculos apropiados, listos para ser modificados.

En el caso de los murciélagos y los pterosaurios, la piel que hay entre los brazos y las patas del mismo lado se estira para facilitar el vuelo. Los huesos del brazo de los pterosaurios son relativamente cortos, excepto los del cuarto dedo o dedo «anular», que es extremadamente largo. *Pterodáctilo* significa, literalmente, «dedo ala». Proporciona casi todo el anclaje con el que cuenta la parte delantera del ala, ya que llega hasta el extremo de esta. Nuestros dedos son finos y delicados, gracias a lo cual se pueden utilizar para habilidades como teclear o tocar el piano. Resulta difícil imaginar que un único dedo creciera mucho más que todos los demás, y que fuera lo suficientemente fuerte como para que en él se apoyara un ala de gran tamaño como la del *Quetzalcoatlus.* Incluso da un poco de cosa pensarlo. Es una demostración de lo que puede hacer la evolución explotando lo que tiene a su disposición. Debo decir que la membrana del ala no se fosiliza bien, por lo que las reconstrucciones realizadas por diferentes biólogos no siempre coinciden. A la hora de dibujar el ala desde la punta del dedo hasta el tobillo, nos hemos basado en las reconstrucciones más recientes y reconocidas. También hay algunas pruebas de la existencia de un tendón que recorría el borde trasero del ala, desde la punta del dedo al tobillo, lo que proporcionaba un soporte adicional y seguramente prevenía las sacudidas del viento que no solo dificultarían el vuelo, sino que también podrían rasgar el ala.

Las alas de los murciélagos utilizan todos los dedos, no solo el cuarto. Y, como ocurría con los pterosaurios, también se apoyan en la pata trasera. Esto dificulta su caminar. Los murciélagos que caminan mejor son, probablemente, los de cola corta que se arrastran por la hojarasca de los bosques neozelandeses. Pero no son rivales para un ave cuando se trata de caminar o correr. Si imagino un pterosaurio caminando, lo veo dando bandazos como si fuera un paraguas roto animado.

Las aves lo hacen de forma diferente. En lugar de un colgajo de piel, la superficie dedicada al vuelo está compuesta por plumas ingeniosamente esparcidas. La pluma es una de las maravillas del mundo, un dispositivo asombroso, lo suficientemente fuerte para sustentar al ave en el aire, pero menos rígida que los huesos. Además de ser flexibles, las plumas también son lo suficientemente fuertes para permitir que el ala ahorre hueso. En algunas aves, por ejemplo en el cuervo de nuestra ilustración, el esqueleto óseo del brazo solo llega a la mitad de la longitud del ala. Las plumas completan su envergadura. En un murciélago o un pterosaurio, el hueso llega hasta el extremo del ala. Los huesos son fuertes y pesados, y pesado es precisamente lo que no te conviene ser cuando has de volar. Un tubo hueco es mu-

01
02
03

cho más ligero que una varilla sólida, y solo es un poco menos resistente. Todos los vertebrados voladores poseen huesos que están tan huecos como es posible, reforzados por puntales transversales. Las aves se las arreglan con el menor número posible de huesos en el ala y les basta con la rigidez que aportan las plumas ultraligeras.

En su libro *Micrographia*, publicado en 1665, Robert Hooke fue una de las primeras personas que publicó dibujos realizados a partir de lo que observó a través del microscopio, y a sus lectores les impactó ver todas esas estructuras intrincadas y pequeñas de los seres vivos. No resulta sorprendente que las plumas atrajeran su atención, «aquí podemos observar que la naturaleza se pone a trabajar para crear una sustancia que será lo suficientemente ligera además de muy rígida y resistente». Y a continuación explicaba que «los cuerpos muy fuertes son, por lo general, también muy pesados» y, por lo tanto, si una pluma se hubiera construido de otra forma distinta de la actual, habría sido mucho más pesada. Las plumas de las alas se deslizan unas sobre otras, por lo que el ala se comporta como un perfecto abanico, ya que cambia de forma para adaptarse a las diferentes condiciones de vuelo. En este aspecto, el ala de las aves es mejor que la de los murciélagos o los pterosaurios, que para poder cambiar la forma del ala necesitan unos

---

TRES FORMAS DE CONVERTIR UN BRAZO EN UN ALA (*IZQUIERDA*)

En los murciélagos (01), se han alargado y extendido todos sus dedos. En los pterosaurios (02), se ha alargado enormemente un solo dedo. Los murciélagos y los pterosaurios necesitan incluir la pata para añadir soporte. En cambio, las aves (03) no lo necesitan, porque las plumas tienen una rigidez propia. Y los huesos de sus brazos pueden ser sorprendentemente (y económicamente) cortos por la misma razón.

pliegues de piel colgante. Las «aspas» de una pluma están hechas de cientos de bárbulas que se cierran o se abren a la vez que sus bárbulas vecinas. Gracias a esta disposición, se logra combinar fuerza y ligereza, como decía Hooke, pero a un coste: su portadora ha de cuidarlas constantemente con su pico para mantenerlas bien colocadas y en buen estado. Si observa algún ave durante el tiempo suficiente, seguro que verá cómo se acicala, dedicando una atención especial a sus alas. La vida del ave depende literalmente de ello, porque, si se recoloca mal las plumas, puede que vuele peor y no pueda escapar de un depredador. O que no pueda atrapar a una presa. O que no pueda evitar una colisión.

Las plumas son escamas de reptil modificadas. Seguramente evolucionaron originalmente no para volar, sino como aislamiento del calor, como los pelos de los mamíferos. Una vez más, vemos cómo la evolución aprovecha aquello que tiene a su disposición. (Otro ejemplo: el macho de la ganga del desierto vuela muchos kilómetros para buscar agua para sus crías. Las plumas de su vientre están modificadas para que sirvan como esponja. Gracias a ellas, puede llevar agua hasta su nido, donde sus polluelos la podrán sorber.) Más adelante, las plumas mullidas y aislantes se alargaron e incorporaron en el centro un cálamo reforzado de soporte, consiguiendo así la flexibilidad y dureza perfectas para volar. Toda el ala de un ave, cubierta de plumas, es una superficie que facilita el vuelo, y su área es grande en comparación con el resto de la superficie del ave. A la hora de volar, las llamadas «plumas primarias» hacen la mayor parte del trabajo. Son las plumas grandes de las que se extrajeron los cálamos que utilizaban nuestros antepasados para escribir.

Se ha descubierto recientemente que, antes de que aparecieran las aves, las plumas ya estaban presentes en un grupo de dinosaurios, el grupo del que surgieron las aves. Incluso es posible que el temido *Tyrannosaurus* tuviera plumas, lo que lo haría parecer menos terrorífico, puede que incluso adorable. Y había dinosaurios con cuatro alas y plumas.

Vivieron en el Cretácico hace 120 millones de años; en realidad, más tarde que el famoso *Archaeopteryx,* considerado por muchos la primera ave. Parece probable que criaturas como el *Microraptor*

UN DINOSAURIO DE CUATRO ALAS

Las aves podrían haber surgido a partir de este diseño, pero no lo hicieron.

(el del dibujo) fueran capaces no solo de planear, sino también de volar impulsándose con las alas.

Las plumas son lo suficientemente rígidas para que las alas no necesiten huesos de soporte en la parte trasera del brazo, por lo que la estructura ósea de este puede ser mucho más corta que el ala. Al mismo tiempo, las plumas, ingeniosamente curvadas, son lo suficientemente flexibles para funcionar bien tanto cuando el ave bate las alas hacia arriba como cuando lo hace hacia abajo. Incluso mejor, no es necesario que las extremidades traseras participen en la extensión de las alas. Eso significa que las aves, a diferencia de los murciélagos y los pterosaurios, son excelentes caminantes, corredoras y (en el caso de las aves pequeñas) saltadoras. Es una gran ventaja respecto a los torpes andares de los pterosaurios o los murciélagos.

Los insectos tienen la misma ventaja. Al no intervenir en el vuelo, sus seis extremidades están libres para caminar y correr. Un escarabajo tigre puede volar, por ejemplo, cuando necesita escapar de un lagarto, pero suele cazar a sus presas como lo hacen las arañas o las hormigas, a pie. Y cuando está cazando puede correr a una velocidad de 2,5 metros por segundo. Eso equivale a desplazarse 125 veces la longitud de su cuerpo por segundo. No es justo convertir esa velocidad a un equivalente humano, pero no puedo impedir que el lector haga el cálculo por diversión, si así lo desea. Y fíjese en sus largas y atléticas patas.

A diferencia de los vertebrados voladores, cuyas alas están apoyadas en huesos, las de los insectos no poseen pun-

ESCARABAJO TIGRE
El mayor velocista del mundo de los insectos; aun así, también puede volar.

tales específicos que las sostengan. De hecho, el esqueleto de un insecto es un exoesqueleto. La pared externa del cuerpo de un insecto es su esqueleto. Las alas son protuberancias del esqueleto del tórax y, por tanto, ya son lo suficientemente rígidas para soportar la carga de un pequeño animal volador.

Para este capítulo, lo que importa es que las alas poseen un área superficial grande en comparación con el tamaño del animal. Es necesario que sea así para que pueda sustentarse en el aire. Las sandalias aladas de Hermes (Mercurio para los romanos), el mensajero de los dioses griegos, eran demasiado pequeñas, tan absurdas como las pequeñas hélices de este condenado aunque encantador diseño victoriano de una máquina voladora.

¿NO SERÍA BONITO QUE VOLAR FUESE ASÍ DE FÁCIL?
Un diseño victoriano sobrevolando la que, según Matthew Arnold, era esa «dulce ciudad con sus soñadores chapiteles». Qué acertado estuvo al llamar a Oxford el «hogar de las causas perdidas y las creencias abandonadas».

6

VUELO SIN MOTOR: PARACAIDISMO Y PLANEO

6

Vuelo sin motor: paracaidismo y planeo

No importa lo que peses, si cuentas con una gran área superficial, puedes desafiar a la gravedad planeando de forma segura y suave. Eso es lo que hacemos con los paracaídas. En este capítulo veremos que, para practicar paracaidismo o planear, necesitamos incrementar el área superficial mediante diversas extensiones como, por ejemplo, unas alas, pero empezaremos con otras extensiones que no son realmente alas.

Los animales muy pequeños poseen una gran área superficial con relación a su peso, por lo que pueden planear en el aire con toda seguridad y sin la necesidad de contar con un paracaídas. Las ardillas no son lo suficientemente pequeñas para conseguirlo sin ayuda, pero solo necesitan incrementar un poquito su área superficial. Trepadoras hábiles y veloces, saltan de una rama a la rama vecina. Su larga y plumosa cola aumenta su superficie, lo que las ayuda a saltar más lejos de lo que podrían llegar con seguridad si no tuvieran esa cola plumosa. No es una superficie destinada al vuelo como podría ser un ala, pero todo ayuda, y la ardilla es lo suficientemente pequeña para poder planear gracias al aumento de superficie que le aporta su tupida cola.

Existen algunas ardillas especialistas, las llamadas «ardillas voladoras» (sería más apropiado llamarlas «ardillas pla-

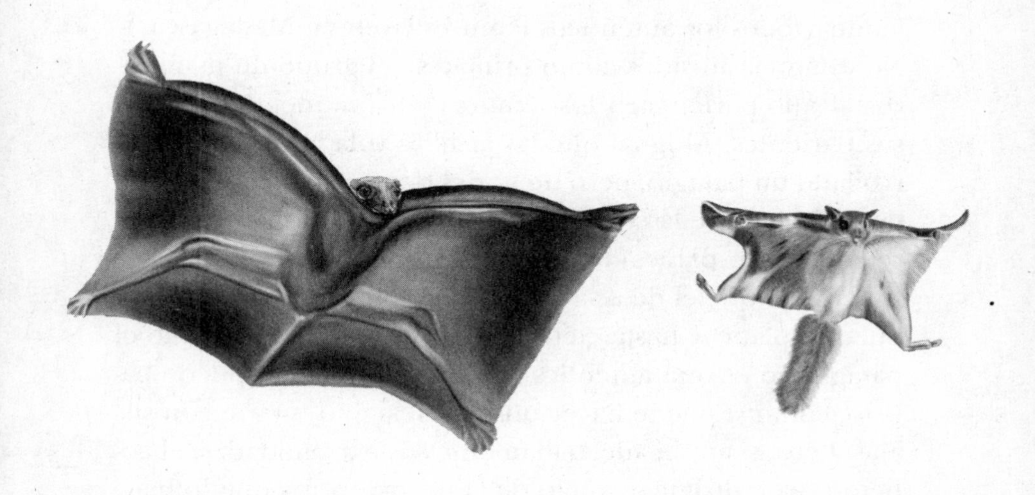

DOS PARACAÍDAS VIVIENTES QUE HAN
EVOLUCIONADO DE FORMA INDEPENDIENTE
El colugo o lémur volador (izquierda)
y la ardilla voladora (derecha).

neadoras»), que han llegado un poco más lejos. La evolución las ha dotado de una membrana de piel que va desde la pata delantera a la trasera y que actúa a modo de paracaídas. Se llama «patagio» (del latín *patagium*, el reborde de la túnica de una mujer romana). Las ardillas voladoras no solo pueden saltar de una rama a otra: estiran sus brazos y patas para desplegar el paracaídas y planean suavemente de un árbol a otro que puede hallarse a 20 metros de distancia. Y, como ocurre con nuestros paracaídas, descienden a la deriva, pero de forma lenta y segura, y eso les permite dirigirse a otro árbol del bosque. Suelen planear desde una posición alta de un árbol hasta la zona inferior del tronco de otro.

Los bosques del sudeste asiático y de Filipinas son el hogar de una criatura que ha perfeccionado todavía más esta técnica. El colugo o lémur volador no es realmente un lémur (todos los auténticos lémures viven en Madagascar). No están clasificados como primates (el grupo de mamíferos al que pertenecen los lémures y los monos), pero son sus parientes. Al igual que las ardillas voladoras, han desarrollado un patagio, pero no va del brazo a la pata, sino que también incluye la cola. De esa manera, todo su cuerpo parece un gran paracaídas. Su patagio tiene una mayor área superficial que el de una ardilla voladora, razón por la cual pueden planear hasta cien metros. Ya hemos dicho que el patagio no es una auténtica ala. Su portador no puede batirlo, como sí puede hacer un murciélago o un ave con sus alas. Pero, si ajusta adecuadamente sus extremidades, el colugo puede dirigir su vuelo de la misma forma que lo hace un experto paracaidista tirando de las cuerdas. Aunque en la mayoría de las ardillas el patagio no llega hasta la cola, existe una ardilla voladora gigante en China cuyo patagio se extiende hasta una porción de su cola. Esto nos da una pista sobre cómo debió de evolucionar, de forma gradual, el paracaídas del colugo.

En los colugos y las ardillas, el patagio ha evolucionado de forma independiente. Es lo que se conoce como «evolución convergente». Lo mismo ha ocurrido en otros mamíferos que habitan en los bosques. Australia ha estado casi siempre aislada desde que se extinguieron los dinosaurios y los mamíferos pasaron a ser los animales dominantes en la tierra. En Australia, todos los mamíferos que iban a ocupar el lugar que antes habían ocupado los dinosaurios eran marsupiales (unos pocos mamíferos eran ovíparos: los antepasados de los ornitorrincos y los osos hormigueros espinosos). En Australia y Nueva Guinea evolucionaron muchas «versiones» marsupiales de mamíferos de todo el mundo que nos resultan familiares. Había «lobos» marsupiales, «leones» marsupiales y «ratones» marsupiales. Las comillas son para remarcar que eran «lobos», «leones» y «ratones» que habían evolucionado de forma independiente, y que no eran los lobos, leones y ratones conocidos en el resto del mundo. También surgieron «topos» marsupiales, «conejos» marsupiales y, seguro que el lector ya lo habrá adivinado, «ardillas voladoras» marsupiales. Estas planeadoras marsupiales se llaman falangéridos voladores. Añadiría que, en este y en otros aspectos que tienen que ver con la zoología, Nueva Guinea es otra Australia. Nueva Guinea cuenta con una fauna marsupial propia, sus propios canguros y sus propios planeadores marsupiales parecidos a los australianos.

Existen varias especies de planeadores marsupiales. Todos se parecen a las ardillas voladoras en cuanto a que el patagio va desde el brazo a la pata, pero no incluye la cola como ocurre con el colugo. El que se parece más a una ardilla voladora es el petauro del azúcar, que se puede encontrar tanto en Australia como en Nueva Guinea. Puede planear hasta un árbol que esté a unos 50 metros de distancia. Parece un gemelo de una ardilla voladora, pero el único parentesco existente entre ambos es el que comparten dos mamíferos cualesquiera. Una evolución convergente como esa es un hermoso ejemplo del poder de la selección natural. Para un mamífero que vive en el suelo, tener un patagio es algo bueno. Por esa razón, evolucionó de forma independiente tanto en roedores como en marsupiales. Y también en los colugos. Pero todavía hay más. Incluso en el caso de los roedores, el patagio evolucionó dos veces de forma independiente: la primera vez, en la familia de las ardillas y, después, en una familia separada de roedores africanos, los llamados «anomalúridos». Se parecen a las ardillas voladoras de los bosques americanos y asiáticos, y a los planeadores marsupiales de Australia, y vuelan como ellos. Pero el patagio evolucionó en ellos de forma independiente.

Antes de lanzarse y planear de forma controlada, los planeadores que habitan en los bosques primero tienen que ganar altura. Lo consiguen trepando a un árbol. Pero hay otras formas de ganar la altura suficiente para poder planear. Por ejemplo, hay acantilados. Es el sitio preferido por los humanos (que tienen mucho más valor que yo) para lanzarse en ala delta. Muchas aves marinas que pueden batir las alas prefieren planear desde un acantilado si es posible, porque cuesta menos esfuerzo y también porque en esos lugares suele haber corrientes de aire ascendente que les resultan muy útiles. Los vencejos, auténticos especialistas en el arte del vuelo batido, son incapaces de despegar desde el suelo. En las raras ocasiones en las que tienen que aterrizar (para anidar) siempre eligen hacerlo en un sitio elevado desde el que luego se puedan lanzar. David Attenborough y su equipo de la BBC lograron filmar en Japón a unas pardelas haciendo cola para subirse a una rampa (un tronco de árbol inclinado) y acceder a su sitio de lanzamiento favorito.

Pero las aves planeadoras tienen otra forma de subir a un lugar alto, a veces muy alto, antes de lanzarse y descender planeando: las térmicas o termales. El aire caliente asciende. Una térmica es una columna vertical de aire caliente ascendente rodeado de aire más frío. Las térmicas suelen aparecer porque el sol calienta el suelo de manera desigual. Algunas zonas, por ejemplo los afloramientos rocosos, se calientan más que el terreno circundante. Esto calienta el aire que se halla por encima de esa zona, que posteriormente ascenderá como columna térmica. El aire frío que lo reemplaza en la base de la columna se calienta entonces y se eleva. En la parte más alta de la columna térmica, el aire se enfría y desciende por los laterales de la columna, bajando de nuevo y completando así el llamado «ciclo de convección del aire». Con frecuencia, en la parte superior de la columna térmica, donde hace más frío y se pueden condensar las gotas de agua, se forman cúmulos esponjosos parecidos a nubes de algodón. Estas nubes se pueden ver desde largas distancias y son una señal que delata la existencia de una columna térmica.

Ahora bien, al igual que un colugo se puede subir a un árbol y lanzarse planeando hasta la base de un árbol distante, un buitre u otra ave planeadora puede hacer lo mismo utilizando las térmicas en lugar de árboles. Aun así, mientras que un árbol medirá algunas decenas de metros de altura, una columna térmica puede elevar a un buitre a miles de metros de altura. El lector los puede ver dando vueltas en círculos en la sabana africana, ascendiendo lentamente en espiral mientras lo hacen. El hecho de dar vueltas en círculo les permite permanecer en el interior de la columna térmica vertical. Los pilotos humanos que planean hacen lo mismo. Uno de los mayores expertos en el vuelo de las aves,

---

GANAR ALTURA PARA PLANEAR Y LLEGAR LEJOS (*PÁGINAS SIGUIENTES*).
Descienden planeando de una columna térmica a otra.
(Obviamente, el dibujo no está hecho a escala.)

ALA DELTA
¿Es así como se sentía un pterosaurio gigante?

el difunto profesor Colin Pennycuick, también era piloto y daba vueltas en círculos con su planeador entre buitres, cóndores y águilas para poder estudiarlos más de cerca.

Nunca he intentado pilotar un planeador y creo que me gustaría hacerlo. Todavía más inspirador debe de ser planear en ala delta, pues podemos dirigir el vuelo de forma intuitiva desplazando el centro de gravedad con nuestro cuerpo, que cuelga de un arnés. Imagino que los pilotos expertos sienten que el ala delta es una parte más de su cuerpo. Puede que eso sea lo que se siente al ser una gaviota, girando y planeando en círculos en la corriente ascendente de un acantilado. O un águila escrutando la sabana desde las alturas de una columna térmica. O incluso un pterodáctilo. Pero no creo que me atreva a intentarlo. Seguro que no saltaría desde un acantilado vertical como hacen algunos entusiastas del ala delta. Sin saber explicar por qué, me parece más peligroso que saltar desde un avión con un paracaídas. Cuando visito los famosos acantilados de Moher en el oeste de Irlanda, tengo que apoyarme en las manos y las rodillas para mirar por el borde, y estoy tentado de tumbarme sobre el estómago.

Podemos pensar de forma fantasiosa en la sabana como un «bosque» poco frondoso de térmicas. Los «árboles» de aire caliente ascendente pueden tener miles de metros de altura más que los árboles a los que trepa cualquier ardilla voladora, colugo o petauro. Y están mucho más distanciados unos de otros. Así que, mientras el colugo puede planear una distancia horizontal de más de 100 metros, el buitre puede subir a tal altura que, cuando se desliza desde la cima, puede llegar a varios kilómetros de distancia, hasta la zona inferior de la siguiente térmica. Una vez allí, puede volver a ascender para descender de nuevo hasta la base de la siguiente. Los pilotos de planeadores suelen decir que las térmicas están organizadas en «calles» o «calles térmicas». Al dirigirse de una térmica a otra pueden mantenerse en el aire de forma indefinida mientras viajan por todo el país. Las águilas y las cigüeñas las utilizan de la misma forma.

¿Cómo saben dónde se encuentra la siguiente térmica? Seguramente, de la misma forma en que lo hacen los pilotos de planeadores: observando las nubes, conocidas como «cúmulos», que se encuentran en la parte superior de las térmicas, o buscando columnas distantes de aves que estén dando vueltas en círculo o interpretando el terreno.

Por supuesto, desplazarse hasta la siguiente térmica de la calle no es la razón principal por la que un buitre desea ganar altura. Como vimos en el capítulo 2, el vuelo a gran altura les permite buscar comida en un área mucho más amplia y planear hacia ella cuando la encuentran. Como muchas otras aves, su visión a larga distancia está muy desarrollada. Pueden detectar la presencia de la presa de un león a kilómetros, y también cuándo un grupo de buitres está descendiendo de sus térmicas para dirigirse a un objetivo que se halla en el suelo. Tras alimentarse de un cadáver, y con bastante más peso, necesitan despegar de nuevo. Para poder hacerlo y llegar a la base de una térmica, no tienen otra opción que batir sus alas, por muy costoso que sea energéticamente.

Los delfines y los pingüinos saltan fuera del agua cuando nadan a gran velocidad. Puede que sea una estratagema para ahorrar energía, dado que la resistencia en el aire es menor que en el agua (aunque se han sugerido otros posibles beneficios). Muchos peces también saltan en el aire para escapar de depredadores veloces como los atunes. Cuando lo hace todo un banco de peces pequeños, aterrizan en medio de lo que parece y suena como una lluvia de agua. Algunos peces, los llamados «peces voladores», prolongan esos saltos utilizando sus extensas aletas como alas. No aletean, sino que planean, en algunas ocasiones (con la ayuda de las corrientes ascendentes provocadas por las olas) unos increíbles 200 metros y a velocidades que llegan a los 65 kilómetros por hora, antes de volver al agua. Aunque es cierto que no baten sus alas como un ave, al despegar, algunos peces voladores realizan un movimiento oscilatorio con su cuerpo, lo que puede tener un efecto similar al de batir las alas. Los peces nadan mediante sinuosos movimientos de la cola. Cuando un pez volador despega, lo último que abandona el agua es su cola, que todavía sigue nadando. Al aterrizar, en algunas ocasiones el pez prolonga el planeo agitando el extremo de cola para ganar velocidad y despegar de nuevo sin sumergir el cuerpo por completo.

En lo que respecta al atún que lo persigue, el pez volador ha dejado de existir repentinamente. El fenómeno conocido como «reflexión interna total» implica que, desde

POR EL CAMINO A MANDALAY,
DONDE JUEGAN LOS PECES VOLADORES

Me sorprende bastante que el vuelo auténtico (permanecer en el aire indefinidamente) no haya evolucionado en los peces. ¿Les damos unos cuantos millones de años más?

abajo, el depredador no puede ver a su presa después de que esta salga disparada y se abra paso a través del aire. Ha desaparecido (no literalmente, por supuesto) en otra dimensión, como cuando se utiliza la función de hiperespacio en un juego de ordenador.

Por desgracia para el pez volador, aunque ha desaparecido de repente del mundo del atún, también aparece igual de repentinamente en el mundo de las aves, por ejemplo en el de las fragatas. Estas aves pueden pescar desde la superficie, pero la mayoría del alimento lo consiguen pirateando, robando peces a otras aves cuando estas los sueltan tras ser acosadas. A una fragata, un pez volador le debe de parecer un ave en posesión de algo que vale la pena robar. Las habilidades necesarias para atrapar uno al vuelo o para robarle una presa a una gaviota deben de ser parecidas. Y las fragatas, de hecho, son muy expertas a la hora de capturar peces voladores en el aire. Las fragatas son de color negro, a menudo con una pincelada de color rojo, lo que las hace parecer un cruce entre un pterodáctilo prehistórico y el diablo. No en vano, David Attenborough dijo que el pobre pez volador está atrapado entre el diablo y el profundo mar azul.

Cuando mi hermana y yo éramos niños, nuestro padre nos compuso un brillante monólogo sobre la vida de los peces voladores: «A ocho kilómetros de la costa helada más lejana de las islas Feroe, cincuenta y cinco peces voladores huyeron frenéticamente para liberarse de cuarenta y cinco feroces aves, su enemigo más temible. Doce metros más allá: *splash*. Doce metros más allá: *splash*».

Los calamares también son capaces de nadar a gran velocidad, y en algunos de los más rápidos ha evolucionado de forma independiente y convergente el mismo hábito para escapar de los depredadores que caracteriza a los peces voladores, con la interesante diferencia de que estos moluscos nadan, y vuelan, hacia atrás, logrando su gran velocidad mediante la propulsión a chorro. Sacan por la boca un potente chorro de agua y se elevan a gran velocidad en el aire, como la flecha a la que se asemejan. Pueden desplazarse 30 metros o más antes de volver a aterrizar en el mar tras unos tres segundos en el aire.

Me ha parecido conveniente separar el planeo del vuelo propulsado y dedicarles capítulos a ambos. Pero la distinción es algo borrosa. Incluso las aves que suelen planear en las térmicas y descender hasta alcanzar la próxima baten sus alas en algunas ocasiones. Lo mismo ocurre con los albatros. Dedicaré los dos próximos capítulos al auténtico vuelo propulsado donde, para mantenerse en el aire de forma indefinida, es necesario consumir energía constantemente, ya sea de origen muscular, en el caso de las aves, o mediante combustión interna o por motor de propulsión, en el caso de los aviones.

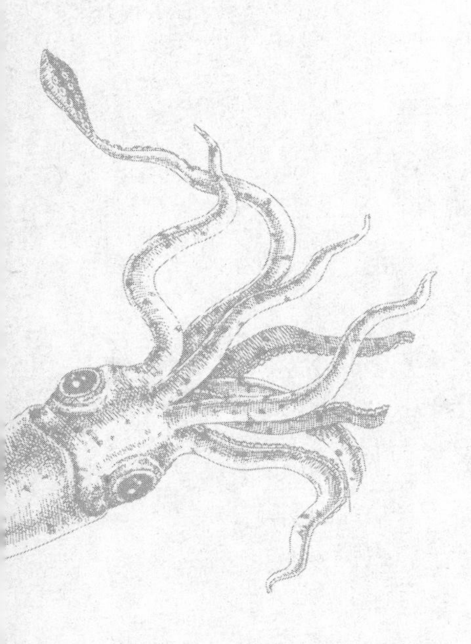

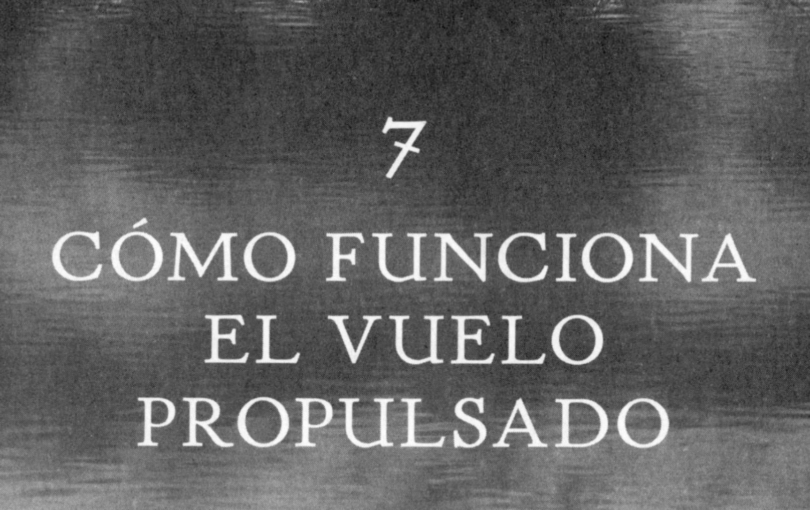

7

CÓMO FUNCIONA EL VUELO PROPULSADO

EL INGENIOSO SOLDADO VOLADOR

Pero ¿por qué un soldado? Seguro que esta maravillosa máquina podría tener un mejor uso.

7
Cómo funciona el vuelo propulsado

Hasta ahora hemos visto que, si tienes una gran área superficial, podrás mantenerte en el aire con muy poco esfuerzo y poco gasto de energía planeando, elevándote gracias a las corrientes o flotando. Pero, si estás preparado para trabajar duro, tendrás muchas más oportunidades para desafiar a la gravedad. Hay dos formas principales. La primera es impulsarte directamente hacia arriba. Este es el método más directo y obvio, y es el utilizado por los helicópteros, los cohetes y los drones. Los aerodeslizadores se desplazan sobre un cojín de aire creado por hélices orientadas hacia abajo detrás de una falda o cortina. Los aviones que despegan de forma vertical lo hacen mediante un chorro dirigido hacia abajo para que así el avión logre despegar del suelo. Los pilotos de acrobacias como el espectacular «soldado volador» que voló sobre París el 14 de julio de 2019 hacen algo parecido.

Leonardo da Vinci se adelantó a su tiempo en muchos aspectos. Entre sus diseños encontramos una especie de precursor del helicóptero. Por desgracia, era imposible que funcionara, y no solo porque dependía de la fuerza muscular humana. Los músculos humanos no tienen la suficiente fuerza para levantar el inevitable peso de un hombre y su máquina. Los helicópteros modernos poseen potentes motores que queman grandes cantidades de combustible fósil para que funcionen sus grandes y ruidosos rotores. Las palas en ángulo generan un fuerte viento hacia abajo, lo que empuja el helicóptero hacia arriba.

Los helicópteros también necesitan un propulsor adicional en la cola, en dirección a los lados (o algo equivalente), para evitar que todo el aparato gire como una peonza. Parece ser que Leonardo pasó por alto este último punto. El avión a reacción Harrier y sus sucesores no lo necesitan porque no tienen rotor. Se elevan orientando las toberas de escape directamente hacia abajo con el fin de empujar el avión hacia arriba desde el suelo. Cuando se ha elevado, el avión orienta sus toberas de escape hacia atrás para poder volar hacia delante. A partir de ese momento consigue la sustentación gracias a las alas, como cualquier avión normal. ¿Y cómo logran esa sustentación los aviones normales? Eso es algo más complicado y vamos a explicarlo ahora mismo.

A diferencia de los helicópteros, los aviones normales logran la sustentación moviéndose hacia delante a gran velocidad. Ese impulso lo logran gracias a unos propulsores o reactores. Y el flujo de aire que pasa por las alas logra elevar el avión de dos maneras, ambas importantes tanto para los seres vivos que vuelan como para los aparatos creados por el hombre. La más obvia e importante es la conocida como «tesis newtoniana». La velocidad del avión hace que el viento presione las alas y las eleve debido a su ligera inclinación hacia arriba mientras el avión acelera hacia delante. Puede sentir ese efecto si saca la mano por la ventanilla de un coche que va a gran velocidad. Incline la mano un poco hacia arriba y sentirá que su brazo es empujado hacia arriba (no lo haga si existe el peligro de que otro coche entienda ese movimiento como una señal).

Por lo tanto, esta es la explicación más obvia de cómo funcionan las alas: la tesis newtoniana. Es la principal explicación de la sustentación de los aviones. Funcionaría inclu-

PUEDE QUE NO SEA EL INVENTO MÁS GENIAL DE LEONARDO
Incluso si los cuatro hombres corrieran a toda velocidad alrededor del cabestrante, este dispositivo no se elevaría ni un centímetro por encima del suelo.

so si las alas fueran tablas planas inclinadas ligeramente hacia arriba, por lo que también podríamos llamarlo la «tesis de la tabla plana».

Pero también ocurre algo menos obvio. Existe una segunda tesis que explica por qué las alas proporcionan sustentación cuando el avión se desplaza hacia delante a gran velocidad. Esta segunda tesis le debe su nombre a Daniel Bernoulli, un matemático suizo del siglo XVIII. Muchas personas, incluidos algunos autores de libros de texto, no comprenden del todo estas dos explicaciones. Por suerte, los aviones siguen volando, aunque sea difícil explicar de una forma sencilla todos los detalles exactos sobre cómo lo consiguen.

Así pues, esta es la tesis bernoulliana, que también explica cómo las alas proporcionan sustentación. El lector ya se habrá dado cuenta de que las alas de un avión moderno de pasajeros no son tablas planas, sino que tienen una forma ingeniosa. El borde de ataque es más grueso que el borde de salida. Y, si hacemos una sección transversal de las alas, veremos que es una curva cuidadosamente elaborada, diseñada así para obtener sustentación mientras el aire pasa por encima de la superficie del ala, utilizando el principio de Bernoulli.

El principio de Bernoulli establece que cuando un fluido (un *fluido* puede ser un gas o un líquido) se desplaza por una superficie, la presión en esa superficie disminuye. Al final del capítulo intentaré explicarlo a mi manera. Pero esta es la explicación de por qué la cortina de la ducha es succionada hacia nosotros y se nos pega. Para evitarlo, se suele colocar una segunda cortina fuera de la bañera. En este caso, el flujo de Bernoulli es una corriente descendente generada por el agua que cae. Ahora imagínese que tiene dos duchas, una a cada lado de la cortina. De una cae el agua a mayor velocidad que de la otra. Según el principio de Bernoulli, la cortina será «succionada» hacia el lado en el que la corriente de agua es más rápida. (He puesto *succionada* entre comillas porque lo que consideramos que es una succión es, en realidad, una mayor presión ejercida sobre el otro lado.)

Mientras se desplaza hacia delante a través del aire, el ala del avión se enfrenta a la fuerza del viento. El despegue de los aviones se ve facilitado si estos se elevan en la dirección de la que sopla el viento. Y ahora viene un detalle que solemos pasar por alto: según el principio de Bernoulli, la fuerza de la succión depende de la forma de la superficie por la que pasa el viento a toda velocidad. El aire se mueve a más velocidad sobre la superficie curvada de la parte superior del ala que bajo su superficie inferior. Recuerde la lección de la cortina que cuelga entre dos chorros de agua que caen a velocidades distintas. Por lo tanto, de la misma manera que ocurre con la cortina de la ducha, el ala se ve succionada hacia arriba debido a la menor presión ejercida sobre la superficie superior.

Es bastante complicado explicar por qué la parte superior curvada del ala hace que el aire se mueva más rápido. Se solía decir que dos moléculas de aire que se desplazan simultáneamente desde la parte delantera hacia la parte trasera del ala, una por encima y otra por debajo, por alguna misteriosa razón, tienen que llegar a la parte posterior del ala al mismo tiempo. En otras palabras, las que viajan por la superficie superior curvada tienen que hacer un mayor recorrido, por lo tanto, se pensó, tienen que ir más rápido. Pero eso no es cierto. De hecho, no llegan a la parte trasera del ala al mismo tiempo. Y no hay ninguna razón por la que deberían hacerlo. Sin embargo, las moléculas de aire se mantienen pegadas a la superficie superior curvada en lugar de salir trazando una tangente, se desplazan más rápido sobre la superficie curvada que bajo la superficie inferior más plana y, como resultado de ello, el efecto Bernoulli proporciona una cierta cantidad de sustentación.

Una vez dicho esto, quiero recalcar de nuevo que la contribución de la tesis bernoulliana a la sustentación suele ser mucho menos importante que el primero de los dos efectos que he mencionado, la «tabla plana» o la tesis newtoniana. Si la sustentación de Bernoulli fuese el factor más importante, los aviones no podrían volar al revés. Y lo hacen, al menos los pequeños.

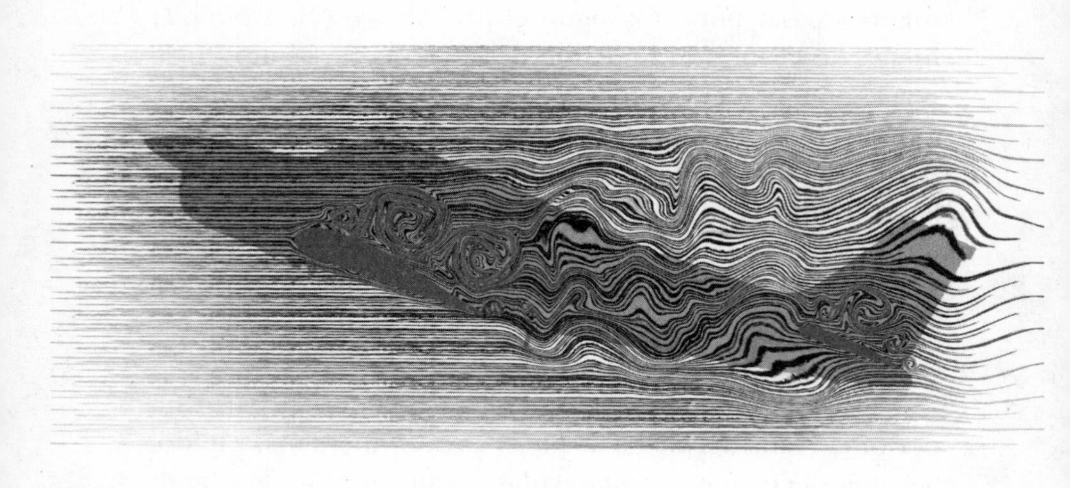

INSTANTÁNEA DE UN AVIÓN EN PÉRDIDA
Patrones de turbulencia que afectan
a un avión en pérdida.

He dicho anteriormente que las moléculas de aire se «agarran» a la superficie superior curvada y no salen despedidas trazando una tangente. Pero eso solo es cierto hasta cierto punto. Si el ángulo de ataque es demasiado alto, es decir, si el ala está demasiado inclinada, las moléculas de aire ya no se «agarran», dejan de fluir suavemente sobre el ala y se alejan en espiral formando trágicos patrones de turbulencia. Ya no hay succión de Bernoulli, el avión pierde repentinamente la sustentación y se dice que entra en pérdida. Puede ser bastante peligroso, y el piloto debe intentar recuperar la sustentación reduciendo el ángulo de ataque (por lo general, inclinando un poco el morro hacia abajo) para restablecer un flujo de aire adecuado y suave sobre la parte superior del ala.

He mencionado el «ángulo de ataque», y ahora conviene definir ese y otros términos técnicos que tienen que ver con el vuelo. El ángulo de ataque es el ángulo del ala con relación al flujo de aire. No hay que confundirlo con el ángulo de cabeceo, que se refiere al ángulo en relación con el suelo. Cuando el avión está despegando, el ángulo de cabeceo es elevado, razón por la cual, si usted desobedece las normas y se toma una bebida sobre su bandeja plegable, seguramente esta acabará derramada sobre su portátil. En este caso, el ángulo de ataque también es bastante alto. Pero un cabeceo elevado no implica necesariamente que el ángulo de ataque sea alto. Un avión de combate que despega casi verticalmente tiene un cabeceo muy alto, pero un ángulo de ataque bajo, porque el flujo de aire que corre sobre el ala tiene una dirección prácticamente vertical hacia abajo.

Se dice que un avión está *cabeceando* cuando su ángulo en relación con el suelo aumenta o disminuye. Se dice que está *alabeando* cuando un ala se inclina hacia abajo mientras que la otra lo hace hacia arriba. Los pilotos controlan el alabeo con alerones abatibles situados en la parte posterior de las alas. Y controlan el cabeceo con superficies horizontales abatibles similares dispuestas en la cola. Para completar estas tres definiciones importantes, se dice que un avión hace una *guiñada* cuando rota a la izquierda o a la derecha respecto al eje vertical del avión. Los pilotos controlan la guiñada mediante un timón vertical situado en la parte trasera de la cola. Por supuesto, los animales voladores también cabecean, alabean y realizan guiñadas.

Hasta ahora hemos hablado de aviones con alas fijas porque la teoría es mucho más fácil de entender. Pero, aun así, sigue siendo complicada. Los hermanos Wright, y varios de los primeros diseñadores de aeronaves, utilizaron un ingenioso sistema de cuerdas y poleas con el que podían modificar la forma del ala izquierda o derecha, para dirigir la aeronave. En la actualidad, esa técnica se ha sustituido por los alerones abatibles. En las alas de las aves, los cálculos teóricos sobre cómo consiguen sustentación y empuje hacia delante son más difíciles de realizar que en el caso de los aviones de ala fija. No solo pueden batir sus alas, sino que estas cambian continuamente de forma, ajustándose con precisión; supongo que es algo parecido al sistema utilizado por los Wright. Tanto el movimiento como el cambio de la forma que adquieren las alas hacen que las matemáticas del vuelo de las aves sean muy complicadas. Aun así, podemos decir que las dos maneras de conseguir sustentación que vimos para las alas de los aviones, tanto la newtoniana como la bernoulliana, funcionan asimismo para las alas de las aves, pero de una forma más complicada. Volveremos más adelante a hablar de esto. Mientras tanto, volvamos al problema de entrar en pérdida, algo que también puede aplicarse a las aves.

Los aviones utilizan ingeniosos dispositivos para disminuir el riesgo de entrar en pérdida. Uno de ellos son los *slats.* Estos *slats* son como pequeñas alas extras colocadas astutamente en la parte delantera del ala, que crean unas ranuras, o *slots,* entre el borde de ataque del ala y el resto del plano. A través de las ranuras, las aletas desvían a la superficie superior del ala principal un poco de aire extra que, de otro modo, habría ido a parar a otra parte. Esto hace retroceder el punto crítico en el que comienza la turbulencia, empujándola hacia atrás a lo largo de la superficie superior del ala y evitando que el avión entre en pérdida. Los *slats* permiten que el ángulo de ataque sea más pronunciado antes de que se produzca la entrada en pérdida. En los vuelos normales, los *slats* están completamente plegados. Los pilotos los utilizan durante el despegue y el aterrizaje, cuando el ángulo de ataque es máximo y el avión vuela más lento.

Algunos aviones modernos de pasajeros añaden una elegante curvatura a la punta del ala. Esto reduce las turbulencias y la resistencia, y es algo que también hacen las alas de las aves.

Los aviones no son los únicos que pueden entrar en pérdida. Las aves son aviones vivos, y también se ven afecta-

LOS AVIONES Y LAS AVES TIENEN
QUE ENFRENTARSE A LAS MISMAS LEYES DE LA FÍSICA
Han llegado a soluciones parecidas, pero no idénticas.

das por este fenómeno. ¿Tienen *slats* como los aviones? Algo así. Muchas aves planeadoras poseen unos huecos prominentes entre las plumas, cerca de las puntas de las alas, cuya función es parecida. Es muy hermoso ver cómo las utilizan los buitres y las águilas. Las plumas primarias de mayor tamaño situadas en el borde exterior del ala se abren en abanico hacia fuera dejando espacios prominentes entre ellas. Cada una de esas grandes plumas primarias actúa como una especie de ala en miniatura o como un *slat*. Es algo muy importante para las aves que vuelan en espiral en el interior de una térmica, que viene a ser como una estrecha chimenea de aire caliente rodeada de aire frío. Los buitres tienen que dar vueltas en círculos bastante cerrados para evitar salirse de la térmica. Por lo tanto, el ala exterior viaja más rápido que la interior, por lo que proporciona menos sustentación y corre el peligro de entrar en pérdida. Las plumas de las puntas de las alas resultan especialmente útiles para esta función, ya que sirven como *slats* para el ala más cercana al centro de la térmica.

Los ingenieros perfeccionan con frecuencia las alas de los aviones probando sus diseños (a menudo réplicas en miniatura) en un túnel de viento. La réplica no se desplaza por el aire, pero se consigue el mismo efecto gracias al viento que corre en el túnel y que pasa a través del avión o del ala inmóviles. A veces colocan pequeñas tiras de tela en la parte superior del ala para ver qué es lo que está ocurriendo, sobre todo para ver cómo afectan a la turbulencia la nueva forma del ala o el nuevo ángulo de ataque que están probando. Cuando el ala que están probando empieza a entrar en pérdida, las tiras de tela se levantan igual que las plumas del dorso de las alas de la garceta que se está enfrentando a la misma situación. Muy a menudo, para mejorar un diseño, la mejor forma es ponerlo a prueba en un túnel de viento en lugar de recurrir a las matemáticas, ya que, en el caso de las turbulencias, los cálculos implicados son enormemente complejos. Y, sin duda, es mucho más seguro y barato que construir y probar una serie de aviones con alas de distintas formas. Por supuesto, las alas de las aves no se han ido perfeccionando porque alguien haya estado realizando sofisticados cálculos, ni haya hecho pruebas en un túnel de viento, sino por ensayo y error en la vida real. Pero, en la vida real, el error tiene consecuencias mucho más graves que en un túnel de viento. Pueden morir. O, dicho de una forma menos dramática, se pueden reducir sus posibilidades de vivir lo suficiente como para poder reproducirse.

Inspirándose en las aves, Leonardo da Vinci diseñó una serie de aeroplanos que se parecían un poco a las modernas alas delta. También diseñó ornitópteros, aeronaves cuyas

UN AVE ENTRA EN PÉRDIDA DE MANERA CONTROLADA

Las aves no solo pueden entrar en pérdida, sino que a veces lo hacen deliberadamente para descender cuando aterrizan. Cuando un ave de gran tamaño, como una garza o una garceta, está a punto de aterrizar, se pueden ver los efectos de la turbulencia provocada por la entrada en pérdida en el levantamiento de las plumas del dorso de las alas.

EL INGENIOSO ORNITÓPTERO DE LEONARDO

Podría funcionar como un ala delta, pero no podría batir las alas utilizando la fuerza muscular de un humano.

alas batientes debía impulsar la fuerza muscular humana. Como el helicóptero de Leonardo, ninguno de estos ornitópteros habría podido funcionar, si bien puede que alguno de sus planeadores sí. Para volar batiendo las alas se necesita más energía que la que pueden aportar los músculos humanos. Ese tipo de vuelo tuvo que esperar a finales del siglo XX y al desarrollo de materiales de construcción ultraligeros que compensaran la relativa debilidad de nuestros músculos. No resulta sorprendente que, cuando por fin alguien logró diseñar un modelo propulsado por un hombre, la máquina en cuestión no batía sus alas y apenas logró mantenerse en el aire.

Puede que el más espectacular de todos sea el *Gossamer Albatross* diseñado por Paul MacCready, un brillante inventor que tuve el privilegio de conocer en su casa de California.

> Me habló, entonces, de su entusiasmo por la aerodinámica. Una de sus campañas tenía que ver con los coches y la desafortunada forma en que se diseñan para que parezcan más aerodinámicos (aunque no lo sean realmente) y así complacer a los posibles compradores. En concreto, los bajos de los coches no son aerodinámicos, quizá en parte porque no son visibles y, por tanto, su aspecto no ayuda a la venta. La aerodinámica es inmensamente importante para los animales nadadores y voladores. Si alguna vez ha observado pingüinos o delfines nadar, ya sea en su entorno o en un acuario, probablemente habrá envidiado su velocidad. En comparación, los nadadores humanos, incluso los campeones olímpicos que se afeitan todo el cuerpo, parecen francamente lentos. Con un simple movimiento de la cola, un delfín sale disparado hacia delante, como si estuviera superlubricado, a través del agua. Y eso no está muy lejos de la realidad. No solo la forma de su cuerpo es asombrosamente aerodinámica, sino que su piel muda continuamente: cada dos horas la capa externa es reemplazada y desechada en forma de una especie de caspa. Gracias a ello logran reducir los pequeños remolinos que de otro modo frenarían al animal.

Regresemos al *Gossamer Albatross*. Estaba impulsado por un experimentado ciclista que pedaleaba sobre una bicicleta modificada que movía una hélice y, en 1979, voló con éxito desde Inglaterra en dirección a Francia a través del canal de la Mancha. Pero solo un poco. El piloto ciclista llegó al límite de su resistencia y casi se derrumbó cuando ya tenía la costa francesa a la vista. La aeronave se desplazó a una velocidad de entre 11 y 30 kilómetros por hora, solo unos pocos metros por encima de las olas; algo muy apropiado dado que se llamaba *Albatross*. Al igual que ocurrió con los hermanos Wright, MacCready le dio a su *Albatross* un ala estabilizadora extra por delante del ala principal, y su hélice estaba orientada hacia atrás. También haciendo honor a su nombre, las alas eran muy largas y estrechas, con una envergadura de casi 30 metros. Y era extremadamente ligera, solo 98 kilogramos, más de la mitad de los cuales correspondían al peso del propio piloto ciclista.

MacCready retiró de su aeronave cada gramo de peso innecesario. Incluso el pegamento utilizado para unir las diferentes piezas era de una clase especial, superligera: ¡el peso era fundamental! Los animales voladores también son lo más ligeros posible. Los huesos de las aves, los murciélagos y los pterosaurios están huecos: una vez más, existe una compensación entre, por un lado, fabricar huesos tan ligeros como resulte posible y, por otro, que sean difíciles de

GOSSAMER ALBATROSS

Cruzando el canal de la Mancha a pedales,
el *Gossamer Albatross* apenas podía mantener el peso
del ciclista en el aire. Volar es muy caro energéticamente.
El ciclista llegó al límite de lo que pueden
lograr los músculos humanos.

romper. Puede que usted piense que los dientes no pesan mucho, pero es posible que las aves perdieran sus dientes ancestrales porque eran más pesados que el pico córneo que los sustituyó. Cuanto más veloz sea un avión, más importante es su aerodinámica. Si siente curiosidad por saber por qué, le diré que es porque la resistencia del aire aumenta con el cuadrado de la velocidad. No es casualidad que todos los aviones de pasajeros modernos de alta velocidad, independientemente de si se han diseñado en Estados Unidos, Europa o Rusia, parezcan iguales. No se debe solo al espionaje industrial. Los ingenieros de todos los países tienen que lidiar con las mismas leyes de la física. Durante los primeros años de la aviación, cuando los aviones eran más lentos, no existía esa misma uniformidad de diseños.

Después del *Gossamer Albatross,* Paul MacCready puso en marcha otros proyectos relacionados con el vuelo, como el *Solar Challenger,* una aeronave impulsada por energía solar. El *Challenger* era, una vez más, ultraligero y muy aerodinámico. Tenía paneles solares que cubrían completamente sus alas y la cola, y que impulsaban una hélice bastante grande. Podía volar a 65 kilómetros por hora y alcanzar una altura de más de 4.000 metros. Los aviones impulsados por energía solar posteriores lograron hazañas como dar la vuelta al mundo, aunque no en un único vuelo (por razones humanas, el viaje duró semanas). Sin embargo, volaban tanto de día como de noche, con las baterías cargadas durante las horas diurnas.

El *Gossamer Albatross* traspasó los límites de lo que se puede lograr con la fuerza muscular humana. Logró lo que no pudo conseguir Leonardo con sus máquinas. Además, a diferencia del diseño de Leonardo, no batía las alas como las aves. La fuerza muscular impulsaba al *Gossamer Albatross* utilizando una hélice. La sustentación la obtenía de forma indirecta a partir de este movimiento de avance.

En 1903, los hermanos Wright fueron los primeros que utilizaron un motor de combustión interna para impulsar

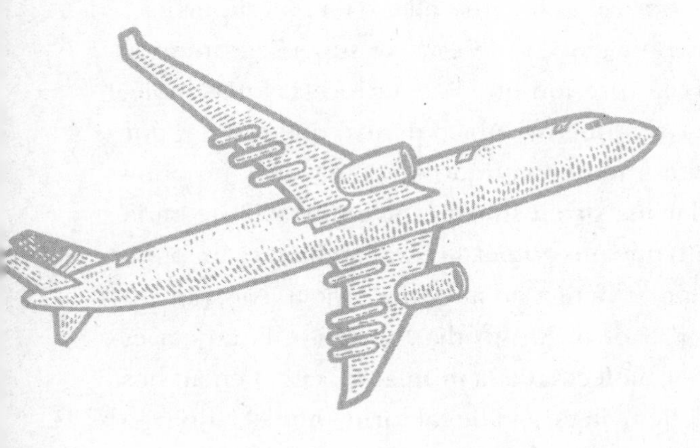

aeronaves. Durante la década de 1930 aparecieron los motores a reacción. Es muy sorprendente que solo transcurrieran unas cuatro décadas entre el logro pionero de los hermanos Wright y el primer vuelo supersónico. Y, solo dos décadas después, miembros de nuestra especie fueron lanzados hasta la Luna y regresaron. He utilizado la palabra *lanzados* de manera intencionada. Los cohetes partieron en dirección este, aprovechando la velocidad de rotación de la Tierra para colocarse en órbita. Las plataformas de lanzamiento de la Agencia Espacial Europea de la Guayana Francesa están muy bien situadas para sacar ventaja de este hecho, pues se encuentran cerca del ecuador, en el punto donde la rotación de la Tierra favorece una salida rápida de los cohetes y su puesta en órbita.

Por cierto, en caso de que el lector se esté preguntando por qué funciona el principio de Bernoulli, la siguiente es una explicación bastante sencilla, libre de símbolos matemáticos. Primero tenemos que entender qué significa la presión atmosférica a nivel molecular. La presión ejercida sobre una superficie es el tamborileo sumado de billones de moléculas. Las moléculas de aire están moviéndose constantemente en direcciones aleatorias, cambiando de dirección cuando rebotan en algo, por ejemplo entre ellas o en una superficie. Cuando inflamos un globo de fiesta, la superficie interior está sometida a más presión que la exterior. Hay más moléculas de aire por centímetro cúbico dentro que fuera y, por lo tanto, cada centímetro cuadrado de goma sufre un bombardeo molecular mayor en su superficie interna que en la externa. El viento que nos golpea la cara también es un bombardeo molecular. Sostenga en alto una tarjeta, roja por un lado y verde por el otro. En un día tranquilo, la tarjeta es bombardeada por moléculas a la misma velocidad en ambos lados. Pero si sostiene la tarjeta de tal forma que el lado rojo quede enfrentado al viento, el ritmo al que golpean las moléculas el lado rojo aumenta y puede sentir la presión del viento empujando la carta. Eso es bastante sencillo. Pero ahora hablemos del principio de Bernoulli, que es un poco más complicado. Gire la tarjeta de tal forma que permanezca horizontal, con el lado rojo hacia arriba, y el viento esté soplando ahora sobre las dos superficies de la tarjeta. Las moléculas de aire siguen rebotando al azar contra todo lo que se encuentran, incluidas las demás moléculas y ambas superficies de la tarjeta. Pero el movimiento de las moléculas, aunque sigue siendo en gran medida al azar, está ahora sesgado en la dirección del viento. Eso significa que hay menos moléculas bombardeando ambas superficies; están pasando a toda velocidad por la tarjeta. Esto equivale a decir que la presión sobre ambas superficies se ha reducido: la tarjeta no se inclina ni hacia arriba ni hacia abajo. Finalmente, tal vez con un par de secadores de pelo, podemos conseguir que el viento sople más rápido sobre la superficie roja que sobre la verde. La presión sobre la superficie roja se reducirá más que la presión ejercida sobre la superficie verde, y la tarjeta se levantará.

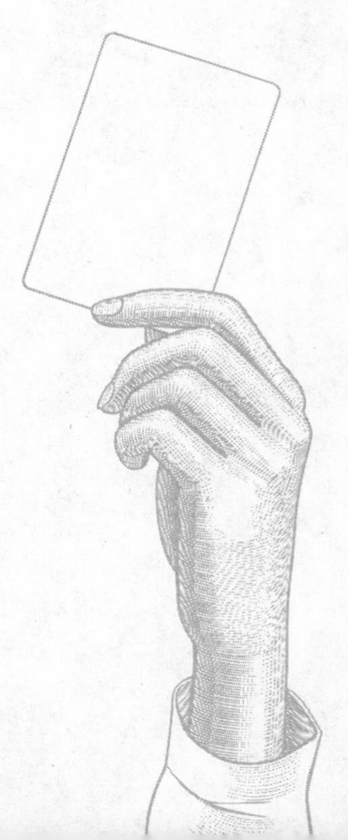

8

EL VUELO PROPULSADO EN LOS ANIMALES

8
El vuelo propulsado en los animales

Resulta mucho más difícil comprender el vuelo de los animales que el de las máquinas creadas por el hombre. En parte es porque, al batir sus alas, el animal se impulsa hacia delante (como los aviones) al mismo tiempo que empuja el aire hacia abajo (como hacen los helicópteros). Si observa cómo vuela un ave en una película a cámara lenta (es necesario verlo así para intentar descifrar qué ocurre), se dará cuenta de que el animal no solo bate las alas hacia arriba y hacia abajo. La curvatura de sus alas, combinada con la flexibilidad de las plumas, impulsa al ave hacia delante, lo que a su vez le proporciona sustentación mediante los dos métodos que vimos en el capítulo 7, el newtoniano y el bernoulliano. Al mismo tiempo, al batir las alas hacia abajo obtienen sustentación, tal como vimos al inicio del capítulo 7 al hablar de los helicópteros. El hecho de batirlas hacia arriba no contrarresta el efecto, aunque podamos creer ingenuamente que es así. En parte es por la curvatura del ala y en parte porque esta se encoge durante la subida, ya que las articulaciones del codo y la muñeca tiran de ella hacia dentro, por lo que su área se reduce en comparación con el poderoso movimiento que ejecutan hacia abajo.

Al no disponer ni de hélices ni de reactores, las aves y el resto de los animales voladores utilizan sus alas para impulsarse hacia delante además de para sustentarse en el aire. Es completamente diferente a lo que ocurre con los aviones, cuyas alas proporcionan sustentación, pero no propulsión hacia delante. En el caso de los pingüinos se puede observar justo lo contrario: las alas no proporcionan sustentación, sino propulsión hacia delante, aunque, por supuesto, eso ocurre bajo el agua en lugar de en el aire. Los pingüinos flotan, son más ligeros que el agua, por lo que no necesitan que las alas les proporcionen sustentación. En cambio, las utilizan para «volar» bajo el agua. En tierra caminan con un paso lento y desgarbado, pero en el agua se desplazan a gran velocidad, igual que los delfines, aunque estos se impulsan de una forma diferente, moviendo la cola hacia arriba y hacia abajo. Tanto los delfines como los pingüinos son hermosamente aerodinámicos. Los antepasados de los pingüinos ya eran aerodinámicos, aunque lo eran para volar por el aire.

Otras aves marinas como los frailecillos, los alcatraces, las alcas comunes y los araos también utilizan sus alas para desplazarse bajo el mar. Pero, a diferencia de los pingüinos, también las utilizan para volar por el aire. La forma óptima que debería tener un ala para volar por el aire no es la misma que debería tener para hacerlo bajo el mar. Para esto último, es mejor tener alas pequeñas. Los frailecillos y los araos deben alcanzar un compromiso, mientras que los pingüinos, que dejaron de volar por el aire, han podido perfeccionar sus alas para desplazarse solo bajo el mar. Los frailecillos poseen alas más pequeñas de lo que deberían para volar por el aire y, por lo tanto, tienen que batir sus alas a gran velocidad, lo que, a su vez, consume mucha energía. Al mismo tiempo, son más grandes de lo que deberían para nadar con facilidad. Una vez más, la explicación es el principio evolutivo del compromiso.

Los cormoranes se impulsan bajo el mar con sus grandes patas. Las alas ayudan solo un poco, ya que su función está reservada para el vuelo aéreo. El alca gigante, un ave extinta pariente de los araos y el alca común, no podía volar y, como los delfines, sus alas eran perfectas para nadar. El alca gigante también es conocida como el «pingüino del norte». De hecho, su nombre en latín es *Pinguinus*, aunque no estaba emparentada con ellos. Sus alas eran pequeñas, demasiado pequeñas para volar, y se parecían mucho a las de los pingüinos actuales. Es como si los antepasados del alca gigante hubieran sido alcas septentrionales que dijeron: «Oh, pasamos de intentar volar tanto en el aire como en el agua. La solución de compromiso es demasiado cara. Olvidémonos del aire y centrémonos en el agua. Así podremos hacer algo realmente bien».

Es una lástima que no hayamos podido ver alcas gigantes. Se extinguieron, como suele pasar con demasiada frecuencia, por culpa de los humanos, hace muy poco tiempo, a finales del siglo XIX. Pero puede que nuestros nietos sí puedan verlas. Su genoma ya ha sido secuenciado a partir de un espécimen que se encuentra en un museo de Copenhague. Un colega mío está contemplando la posibilidad de utilizar algún día las nuevas técnicas de edición genética para modificar el genoma de un alca común, insertar células en las gónadas de, por ejemplo, una pareja de gansos y conseguir así que nazca un alca gigante en uno de sus huevos.

Regresemos al vuelo aéreo. La propulsión que consiguen las alas se produce gracias a que actúan como si remasen en el aire.

Los colibríes baten las alas a una velocidad enorme, tanto que las alas casi se giran al revés cuando las mueven hacia arriba. El ala es tan eficiente en su movimiento ascen-

EL PINGÜINO DEL NORTE

Desgraciadamente, el alca gigante se extinguió durante el siglo XIX.

ESFINGE COLIBRÍ
Cuando vea esta polilla y oiga el zumbido de sus alas pensará que se trata de un colibrí. Desempeñan un papel similar, ya que evolucionaron de forma convergente.

dente como en el descendente, lo que permite a los colibríes detenerse en el aire (cernerse) como un helicóptero y volar hacia atrás, de lado y, en algunas ocasiones, incluso del revés. Mantenerse detenido en el aire fue un gran descubrimiento evolutivo para las aves. Antes de eso, los insectos tenían el monopolio del néctar porque se podían posar en las flores. Las aves eran demasiado pesadas para hacerlo, hasta que evolucionó en ellas esta capacidad. Los suimangas y los arañeros son los equivalentes en el Viejo Mundo de los colibríes del Nuevo Mundo. Solo determinadas especies pueden cernerse en el aire. Algunas flores poseen unas proyecciones especiales que parecen diseñadas a modo de perchas para que estas aves puedan posarse en ellas. Entre los insectos, los sírfidos son los campeones en este tipo de vuelo. Varias especies de polilla llamadas «esfinge colibrí» también son buenas cerniéndose en el aire mientras chupan el néctar de las flores con sus lenguas inmensamente largas. Su nombre se debe a su enorme parecido con los colibríes; otro hermoso ejemplo de evolución convergente. Las libélulas también son bastante diestras a la hora de cernerse en pleno vuelo, y puede que esa sea la razón por la que, en una variedad de inglés pidgin, las llaman «helicóptero de Jesús».

Cuando observamos el vuelo de un ave, incluso si es en una película a cámara lenta, es difícil diferenciar el componente «helicóptero» que empuja hacia abajo del componente «avión» que impulsa hacia delante. Las aves van alternando uno y otro, por ejemplo, maximizando el componente «helicóptero» (ayudado por un salto) cuando despegan, para luego dar prioridad al componente «avión» cuando ya están en pleno vuelo. Y las diferentes aves se especializan en uno de esos dos componentes. Los colibríes no son los únicos especialistas del modo «helicóptero». El martín pescador pío de África y Asia es el ave más grande que puede cernerse en el aire durante períodos prolongados. Mientras que otros martines pescadores se posan para poder detectar peces, los píos lo hacen desde el aire, quedándose quietos como si fueran colibríes gigantes. Aunque esas alas tan grandes no zumban.

Cuando los cernícalos están buscando presas, se detienen en el aire de otro modo, y algunos puristas prefieren llamarlo de otra forma. Lo que hacen es ponerse cara al viento y volar a la misma velocidad que este, pero en la dirección opuesta. Esto significa que la velocidad resultante es cero, pero que la velocidad del aire (la del viento que los azota) es lo suficientemente alta para proporcionarles sustentación. Los martines pescadores píos y los colibríes (como los helicópteros) no necesitan el viento para cernerse en el aire.

Las aves tienen músculos especializados para batir las alas hacia arriba y hacia abajo. Los músculos grandes del pecho (*pectoralis major,* los pectorales mayores) son los responsables del movimiento descendente de las alas. Estos músculos pueden suponer el 15 o el 20 por ciento del peso corporal del animal. Y, como ya vimos con nuestras especulaciones sobre Gabriel y Pegaso, necesitan un gran esternón o una quilla donde engancharse. Puede que el lector piense que el músculo encargado del movimiento ascendente del ala debería estar por encima de esta, y ahí es donde está en el caso de los murciélagos. Sin embargo, no ocurre lo mismo con las aves. Los músculos supracoracoideos están situados por debajo del ala y la mueven hacia arriba mediante una especie de «cuerda» (un tendón) y una «polea» situada sobre el hombro. Otros músculos modifican el ángulo del ala y otros más cambian su forma mediante las articulaciones de la muñeca y el codo.

Podría haber hablado de los albatros en el capítulo 6, el dedicado al vuelo libre, porque lo que más hacen es planear cerca de la superficie del mar. Pero utilizan principios que aún no hemos explicado, por lo que este es el momento de hablar de ellos. Los albatros son maestros a la hora de utilizar poca energía durante el vuelo. Al final de su vida, un albatros puede haber recorrido más de un millón y medio de kilómetros, dando vueltas al hemisferio sur del globo una y otra vez. En lugar de utilizar las térmicas, los albatros aprovechan las corrientes de viento naturales que soplan sobre el mar para obtener sustentación. Planean a baja altura, en algunos casos durante cientos de kilómetros sin aterrizar, sin apenas batir sus alas y consumiendo muy poca energía. La especie de mayor tamaño es el albatros viajero de los océanos meridionales, que da vueltas al globo continuamente, siempre en la misma dirección, utilizando el viento predominante. Un albatros no puede dejarse llevar pasivamente por el viento, porque no podría ascender. Necesita el equivalente a una térmica para ganar altura antes de volver a descender. Así que alterna entre planear a favor del viento y girar después en dirección contraria. Cuando se enfrenta al viento relativamente lento que sopla cerca de la superficie del mar, es como si fuera un avión que se eleva gracias a las explicaciones newtoniana y bernoulliana. Esto lo eleva hasta una altura desde la que volverá a planear a favor del viento, empujado por las rápidas corrientes de las alturas. Durante esta fase de su ciclo pierde altura como un buitre saliendo de una térmica o como un colugo planeando desde la copa de un árbol. Cuando ya se halla cerca de la superficie del mar, donde el viento es más lento, el albatros gira para enfrentarse a él y vuelve a ascender. Repite este ciclo indefinidamente. También ajusta con precisión sus superficies de vuelo para sacar ventaja de los torbellinos y corrientes ascendentes provocadas por las olas. Estas corrientes son menos consistentes y más irregulares que las térmicas. Para poder aprovecharlas hay que ajustar con precisión y continuamente las superficies de vuelo, y eso solo se puede lograr mediante una sofisticada «electrónica» (un sistema nervioso muy avanzado).

Aunque es un experto planeador, el albatros es muy grande, por lo que despegar es un problema. Pueden batir sus alas, pero, como suele ocurrir, volar de esa manera consume mucha energía y, en el caso de las aves de gran tamaño, es una actividad muy laboriosa. Cuando despegan del suelo lo hacen de forma parecida a un avión. Corren a gran velocidad a lo largo de una «pista de despegue», con el viento de cara, hasta que consiguen que el aire tenga la suficiente velocidad para empujar sus alas hacia arriba. En sus colonias de reproducción se pueden apreciar esas pistas, al igual que ocurre con los aviones. Las he visto en las Galápagos y en Nueva Zelanda. A diferencia de los aviones, baten sus alas para obtener mayor sustentación. En el mar, aunque pueden planear sobre las olas a lo largo de enormes distancias, a veces aterrizan, por ejemplo, para pescar o puede que para descansar. Y, de nuevo, el despegue es un problema. Baten al máximo sus alas mientras corren todo lo rápido que pueden por la superficie, pareciéndose al extenuante despegue de un anticuado hidroavión Sunderland (pero con el importante añadido de las alas batientes). Los cisnes también son lo suficientemente grandes para tener el mismo problema a la hora de despegar desde el agua. Oigo muchas veces el fuerte y rítmico batir de sus alas y corro hasta la ventana de mi casa para ver cómo se elevan, lentamente y con gran esfuerzo, desde la superficie del canal de Oxford.

Por cierto, el hecho de que algunas aves corran sobre la superficie del agua puede resultar bastante sorprendente, pero es algo bastante común. Como vimos, la rigidez de las alas de las aves se consigue gracias no solo a los huesos, sino también a las plumas. Esto significa que no están unidas a las patas traseras como ocurre con las alas de los murciélagos y los pterosaurios. Por lo tanto, las aves pueden correr porque

CISNES EN EL CANAL DE OXFORD

Las aves de gran tamaño luchan para despegar. Y al final lo consiguen.

sus patas están libres. Muchas aves poseen patas poderosas que les permiten correr a gran velocidad; por ejemplo, los avestruces pueden superar los 70 kilómetros por hora. Y, precisamente, es gracias a sus fuertes patas que algunas aves pueden correr sobre la superficie del agua. Los lagartos son parientes lejanos de las aves, y algunos basiliscos (un género de lagartos), como el bien llamado «lagarto Jesucristo de Sudamérica y Centroamérica», saltan por encima de la superficie del agua sobre sus fuertes patas traseras a 24 kilómetros por hora, casi tan rápido como lo hacen sobre tierra. El baile de cortejo del achichilique occidental de Norteamérica es magnífico y al mismo tiempo bastante cómico. El macho y la hembra corren sobre el agua uno junto al otro a tanta velocidad que tan solo los pies y la cola tocan la superficie. Para despegar desde la superficie del mar, los albatros utilizan una técnica parecida, aunque más laboriosa. Poseen unas grandes patas palmeadas, lo que les sirve de gran ayuda. Las patas de los achichiliques no están palmeadas, pero todos los dedos poseen lóbulos en forma de hoja que proporcionan el mismo efecto.

No existe ninguna duda de que los insectos fueron los dueños indiscutibles del aire durante casi doscientos años, antes de que se les unieran los primeros vertebrados, los pterosaurios. Me pregunto por qué los vertebrados necesitaron tanto tiempo. Creo que, si existe un nicho libre (una forma de vida u «oficio»), algún animal evolucionará rápidamente para ocuparlo. Es difícil ver por qué la mayoría de los nichos

para los que sería de gran ayuda volar —por ejemplo, escapar de los depredadores, buscar comida desde el aire, migrar largas distancias, atrapar insectos al vuelo, es decir, todo lo dicho en el capítulo 2— no fueron ocupados por vertebrados mucho antes. Con lo dicho en el capítulo 4, creo que la razón por la que los insectos fueron los dueños del aire tan pronto fue su pequeño tamaño.

En el Carbonífero, hace unos 300 millones de años, cuando se formó la mayor parte de nuestros depósitos de carbón, había libélulas gigantes con una envergadura de alas de 70 centímetros que revoloteaban, aunque no sé si *revolotear* es la palabra adecuada para tal mastodonte, entre los helechos y los licopodios.

Si leyó el *thriller* de ciencia ficción de Michael Crichton titulado *Parque Jurásico*, puede que se diera cuenta de un pequeño a la par que gracioso error. Los aventureros se topan con libélulas cuya envergadura de alas es de un metro. El autor parece haberse dejado llevar por su historia e ignorado una idea básica, y es que los científicos del Parque Jurásico creaban sus criaturas a partir del ADN encontrado en la sangre succionada por mosquitos que luego se quedaron atrapados en ámbar. Pero los mosquitos no chupan la sangre a las libélulas y, además, los insectos más antiguos conservados en ámbar vivieron unos 100 millones de años después que las libélulas gigantes del Carbonífero.

Se ha sugerido, gracias a las pruebas aportadas por diversas fuentes, que el gigantismo de las libélulas del Carbonífero fue posible porque en esa época había más oxígeno en la atmósfera. Puede que llegara al 35 por ciento, según las estimaciones más altas, muy superior al 21 por ciento actual. En los insectos, el aire circula a través de todo el cuerpo en lugar de a través de pulmones especializados. Es un sistema que funciona de forma eficiente solo en cuerpos relativamente pequeños. Una atmósfera más rica en oxígeno habría posibilitado que ese tamaño llegara al máximo. Con los niveles elevados de oxígeno, los incendios que se producían en los bosques y en las praderas (provocados por los rayos) habrían sido mucho más comunes. Puede que las libélulas gigantes utilizaran sus grandes alas para escapar de los numerosos incendios. Debieron de tener más suerte que sus contemporáneos que se desplazaban reptando por el suelo, el milpiés gigante del Carbonífero, de 2,5 metros de longitud, o el *Pulmonoscorpius*, un escorpión gigante de 70 centímetros de longitud; para mí, ese es el material del que están hechas las pesadillas. En cuanto al *Eryops*, llamarlo «tritón gigante» puede hacer que suene relativamente inofensivo, pero se trataba de un voraz carnívoro, de tres metros de longitud, cuyo modo de vida sería parecido a la del cocodrilo actual.

Los insectos no tienen huesos. El lector se hará una idea de cómo son sus esqueletos si se fija en uno de sus parientes de mayor tamaño, las langostas. En lugar de huesos poseen un conjunto de tubos córneos y articulados, su exoesqueleto, que protege las partes blandas y húmedas del cuerpo. Las alas de los insectos no son brazos modificados como ocurre con las de las aves, son excrecencias del exoesqueleto, unidas a la pared del tórax. Los músculos que levantan las alas tiran del extremo cercano del ala que se encuentra dentro de la pared corporal, logrando así que esta se eleve como una palanca. En algunos insectos de gran tamaño, como es el caso de las libélulas, el movimiento descendente de ala se consigue mediante músculos situados en el lado más alejado de la unión. Pero, en una proporción bastante elevada de los insectos, ese movimiento descendente se consigue de una forma menos obvia. Los músculos que recorren el tórax se contraen, haciendo que la parte superior de este se incline hacia arriba. Esto tiene el efecto indirecto de hacer palanca sobre las alas y moverlas hacia abajo, ya que están unidas al tórax.

Los insectos pueden conseguir frecuencias de aleteo increíblemente altas: 1.046 veces por segundo en el caso de algunos jejenes, lo que serían dos octavas por encima del do central. Es parecido a ese ruido exasperante que oímos cuando un mosquito nos ronda para picarnos, al que el poeta D. H. Lawrence llamó «odiosas trompetitas». Como puede imaginarse, sería muy difícil lograr esas frecuencias si dependieran de que los nervios enviaran constantemente órdenes a los músculos de las alas «arriba-abajo-arriba-abajo-arriba-abajo» mil veces por segundo. No es así como lo consiguen. En lugar de eso, estos insectos poseen músculos que vibran espontáneamente y causan un movimiento oscilatorio en el tórax que provocará el aleteo. Son como una especie de temblores a gran velocidad. Los músculos responsables del vuelo en un jején, un mosquito o una avispa, son pequeños motores de pistón que o están encendidos o están apagados. En lugar de alternar las instrucciones, «arriba-abajo-arriba-abajo», el sistema nervioso central manda la señal de «vuela» (pon en marcha el motor oscilatorio). Y entonces, después de un rato, manda la señal de «deja de volar» (apaga el motor). No hay regulador. Mientras el motor está encendido, los músculos vibran a una frecuencia fija que viene determinada por la «frecuencia de resonancia» de las alas. Es como si el ala fuera un péndulo, oscilando a una frecuencia fija, pero a una velocidad mucho mayor que la del péndulo de cualquier reloj. Como

CHINCHE ACUÁTICA GIGANTE
El insecto más grande cuyas alas se mueven gracias al movimiento oscilatorio provocado por sus músculos. ¡Y cuidado con esas mandíbulas!

se puede esperar a partir de la comparación con un péndulo, la frecuencia de aleteo aumenta drásticamente si acortamos las alas por amputación. La nota que oímos parece cambiar cuando un mosquito da vueltas alrededor de nuestro oído o escuchamos un abejorro zumbar alrededor de un parterre.

Pero eso ocurre sobre todo porque, cuando el insecto cambia de dirección, los conocidos como efectos inerciales modifican el comportamiento de «péndulo». En una escala mucho menor, esa es la razón por la que el cronómetro marino de Harrison fue un avance tan importante. Los relojes de péndulo son inapropiados para un barco que se va bamboleando sobre el mar.

Algunos insectos grandes como las libélulas o las langostas (insectos) son bastante diferentes. Como ocurre con las aves, cada movimiento ascendente y descendente de las alas recibe órdenes separadas del sistema nervioso central. La mayoría de los insectos pequeños utilizan músculos que provocan un movimiento oscilatorio. Probablemente, los de mayor tamaño que utilizan ese sistema son las chinches acuáticas gigantes, unas criaturas tropicales formidables que poseen unas potentes mandíbulas con las que asestan picaduras dolorosas, aunque no venenosas. Aunque viven principalmente en el agua, pueden volar, y lo logran gracias al movimiento oscilatorio provocado por los músculos dedicados al vuelo. Mi profesor de Oxford John «el Risueño» Pringle (apodado así porque rara vez esbozaba una sonrisa) las escogió por su gran tamaño para sus estudios sobre los músculos que provocan el movimiento oscilatorio. Es muy difícil ver lo que estás haciendo cuando trabajas con las fibras musculares de un jején.

Los murciélagos, los únicos mamíferos auténticamente voladores, baten sus alas de una forma parecida a las aves. Pero, mientras que a sus alas les falta la útil curvatura que proporcionan las plumas, los murciélagos se guardan un as bajo sus mangas de cuero. Además de los músculos principales que controlan el movimiento de las alas y la separación de los dedos mediante la membrana interdigital, hay filas de músculos, finos como hilos, incrustados en la piel de las alas. Desconozco si estos músculos plagiopatagiales (créame, a mí también me cuesta pronunciarlo) han evolucionado a partir de los músculos que todos los mamíferos poseen en su piel, responsables de que se erice el pelo (los que nos ponen la piel de gallina cuando hace frío, una reliquia fascinante de la época en la que teníamos tanto pelo corporal que nos mantenía calientes). Sea cual sea su origen, parece que se utilizan para ajustar la tensión en las diferentes partes de las superficies dedicadas al vuelo. Puede que también su función sea curvar el ala de una forma diferente a como lo consiguen las aves. Estos músculos tan precisos, situados en el interior de la piel, combinados con los movimientos de los dedos proporcionan al murciélago un control de las superficies de vuelo. Es muy importante para un cazador tan veloz poseer un control tan sofisticado como este. De hecho, dado que están equipados con una instrumentación de radar de alta tecnología (en realidad, es un sonar), los murciélagos me recuerdan a los aviones de combate de alto rendimiento. Eso sería en el caso de los murciélagos pequeños. Los grandes murciélagos frugívoros, incluidos los zorros voladores, no necesitan maniobrar a tan altas velocidades dado que no persiguen objetivos que están en movimiento, a diferencia de los murciélagos pequeños que cazan insectos. La fruta no huye.

> A diferencia de los murciélagos pequeños, los frugívoros, de mayor tamaño, tienen grandes ojos. Y ningún sonar; o está muy poco desarrollado y hecho de un modo diferente, lo que sugiere la existencia de una evolución convergente. En apariencia, los murciélagos de la fruta me recuerdan a los pterosaurios, aunque, por supuesto, son mamíferos. ¿Tenían sonar los pterosaurios? Algunos tenían ojos grandes, lo que sugiere que volaban de noche, pero, seguramente, dependían de su visión. Por cierto, también me pregunto si los ictiosaurios, reptiles extintos que se parecían a los delfines actuales, tenían sonar. Los delfines po-

seen un sonar muy sofisticado que ha evolucionado de forma completamente independiente al de los murciélagos. Pero los ictiosaurios, a diferencia de los delfines, tenían grandes ojos, por lo que probablemente no tenían sonar.

Las aeronaves tienen que lidiar con la compensación entre la estabilidad y la maniobrabilidad. El gran evolucionista y genetista John Maynard Smith diseñó aeronaves durante la Segunda Guerra Mundial, antes de matricularse en la universidad para convertirse en biólogo («tras decidir que los aviones eran ruidosos y anticuados»). Señaló que la compensación es tan importante para los voladores vivos (por ejemplo, las aves) como lo es para los aviones fabricados por el hombre. Una aeronave muy estable casi puede volar sola o, al menos, un piloto relativamente inexperto puede pilotarla. Pero la compensación afecta a la maniobrabilidad. Los aviones estables no son buenos aviones de combate, ya que estos necesitan ser ágiles en el aire y veloces para poder girar y esquivar al enemigo. Los aviones que son muy maniobrables son inestables. De nuevo aparece el tema de la compensación. Solo los pueden manejar pilotos expertos con rápidos reflejos. E incluso los pilotos expertos de hoy en día estarían indefensos sin los ordenadores de a bordo presentes en todos los aviones modernos. Puede llegar el día en el que, a los pilotos, por muy expertos que sean, los sustituyan los sistemas electrónicos de guiado.

Tanto los ordenadores de a bordo como los pilotos expertos necesitan instrumentos; lo que sería equivalente a los órganos sensoriales. En el reino animal, las moscas, especialmente los sírfidos, son expertas a la hora de maniobrar y poseen una magnífica instrumentación. A diferencia de otros insectos, todas las moscas (desde los jejenes y los mosquitos a las típulas o zancudos) tienen solo un par de alas (de ahí su nombre en latín, *Diptera*). El segundo par de alas se ha encogido con el paso del tiempo evolutivo para convertirse en halterios, pequeñas varillas con una protuberancia en su extremo, situadas tras las alas restantes. Los halterios son instrumentos de vuelo. Zumban como si fueran alas en miniatura, pero tienen una forma completamente inapropiada y, además, son demasiado pequeños para volar. En lugar de eso, funcionan como una especie de giroscopio que les sirve de ayuda con la maniobrabilidad y la estabilidad. Si le extirpamos los halterios, el insecto no puede volar; es demasiado inestable. Podría recuperar la estabilidad perdida si le pegamos una cola hecha a partir de una plumita como la que utilizan los pescadores de truchas en el atado de sus moscas.

John Maynard Smith señaló que los primeros pterosaurios del Jurásico, por ejemplo el *Rhamphorhynchus*, tenían una cola extremadamente larga con una especie de remo en el extremo. Debió de ser un volador estable, pero al que le costaba maniobrar. En cambio, el *Pteranodon*, de finales del Cretácico, 100 millones de años después, ya casi no tenía cola. Según Maynard Smith debió de ser bastante bueno maniobrando, pero inestable. Seguramente dependía de su «electrónica» (el control preciso de las superficies voladoras a cargo del cerebro) para compensar la falta de una cola estabilizadora. ¿Acaso tenía el *Pteranodon* músculos en las membranas del ala como ocurre con los murciélagos modernos? En todo caso, podría haber tenido una mayor necesidad de ellos porque los pterosaurios, al tener un solo dedo en el ala, carecían de los ajustes precisos de los dedos que sí tienen los murciélagos, los cuales tampoco tienen cola. ¿Y tenía el *Pteranodon* un cerebro más sofisticado que el *Rhamphorhynchus* para lidiar con el necesario control «electrónico»? ¿Cómo utilizaba esa enorme proyección que salía des-

UNA TÍPULA (ZANCUDO) Y SUS «GIROSCOPIOS»
La mayoría de los insectos voladores tienen cuatro alas, pero las moscas solo tienen dos (de ahí el nombre de *dípteros*). El segundo par de alas evolucionó hasta convertirse en unos órganos sensoriales llamados «halterios», pequeñas varillas con una protuberancia en el extremo que actúan como si fueran diminutos giroscopios.

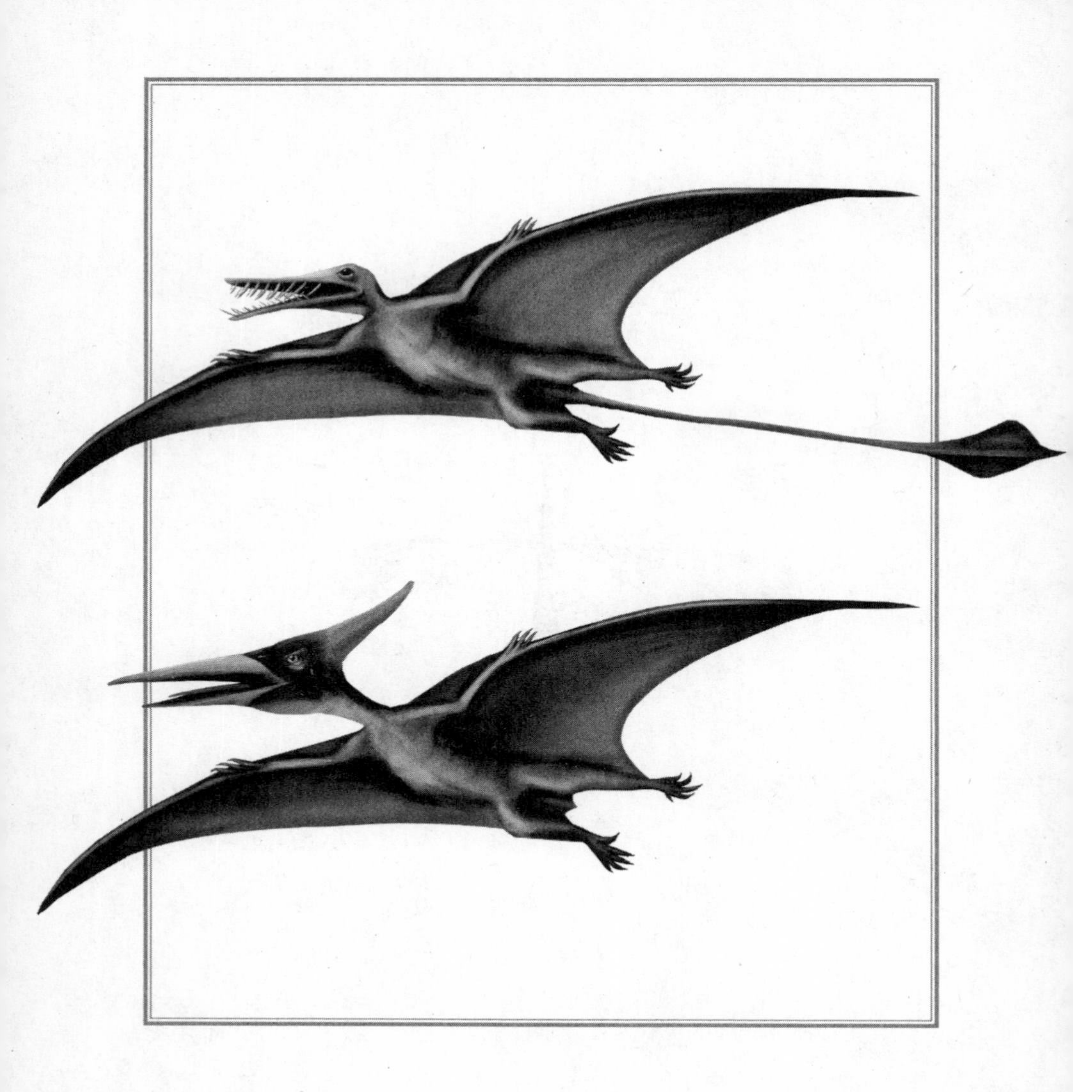

DOS PTEROSAURIOS SEPARADOS POR 100 MILLONES DE AÑOS

El *Rhamphorhynchus* (arriba) tenía una larga cola gracias a la cual era un volador estable, aunque no era muy bueno maniobrando. El *Pteranodon* (abajo), un pterosaurio posterior, apenas tenía cola y seguramente era inestable, aunque sí que maniobraba con facilidad.

de detrás del cráneo, que equilibraba la protrusión de sus mandíbulas? ¿O puede que toda la cabeza funcionara como un timón delantero, dirigiendo de forma automática a la criatura en la dirección que deseara?

Ningún ave moderna posee una cola ósea larga como la del *Rhamphorhynchus.*

En el caso de las aves, lo que solemos llamar «cola» está hecho de plumas sin hueso alguno, aunque la auténtica cola es la rechoncha «rabadilla» del pollo asado. Pero al *Archaeopteryx,* el famoso fósil del Jurásico que pudo haber sido un antepasado de todas las aves, tenía una larga cola ósea como la mayoría de los reptiles, incluido el *Rhamphorhynchus.* Seguramente era estable aerodinámicamente y le debía de costar maniobrar.

Una de las razones por las que las aves necesitan poder maniobrar con facilidad es que a menudo vuelan en densas bandadas, y es muy importante evitar los choques con los vecinos. Y la pregunta de por qué vuelan en bandadas tiene muchas respuestas. Puede que la más importante sea la seguridad que da ser muchos. Las aves rapaces suelen atrapar una presa cada vez, y los depredadores suelen estar bien espaciados, ocupando territorios de caza separados. Cuanto mayor sea tu bandada, menos probabilidades tienes de ser el individuo que sea capturado por el halcón o el águila local. Esta seguridad funciona sobre todo si puedes colocarte en la zona media de la bandada en lugar de en un borde de esta. Esta ventaja también se aplica a los bancos de peces y a las manadas de mamíferos. Esos grupos pueden ser enormes, con cientos o miles de individuos, y el riesgo de colisión es muy alto.

Las bandadas invernales de estorninos, llamadas «murmuraciones», pueden estar formadas por cientos de miles de individuos, y su coordinación es asombrosa. Giran, ascienden, descienden, todo ello aparentemente al unísono, como si la gigantesca bandada fuera un único organismo.

La ilusión se multiplica por el hecho de que los bordes de la bandada están muy definidos: parece que no hay ningún rezagado que se quede fuera de ella. Después de su asombrosa danza aérea, de repente, como si fuera una ruidosa lluvia, los estorninos descienden en picado hacia su dormidero nocturno.

El observador se siente tentado a sospechar que hay un líder (un experto coreógrafo), pero no existe ninguno. Cada individuo sigue el mismo conjunto de reglas, fijándose en su vecino más cercano, y el resultado es la coordinación general. Un programa informático ha emulado este comportamiento, y es un ejemplo fascinante de cómo los modelos creados por ordenador pueden ayudarnos a comprender la realidad. Se empezó con el modelo pionero del programa Boids creado por Craig Reynolds y, desde entonces, los programas informáticos han seguido el siguiente principio fundamental. Primero hay que programar un modelo de una única ave, basándolo en reglas simples sobre cómo actuar respecto a los vecinos, por ejemplo, manteniéndolos en determinados ángulos. Luego hay que hacer cientos de copias de esa única ave. Finalmente, observar qué ocurre cuando todos esos cientos de copias son liberados en el ordenador. Lo que estas aves virtuales crean es una bandada, de una forma bastante realista, como las de las aves reales. Es importante comprender que Reynolds y sus sucesores no programaron una bandada. Programaron una única ave. La bandada surgió como resultado de clonar muchas copias de un único individuo. Este principio de aparición es fundamental en biología. Los órganos y el comportamiento complejos surgen cuando cada uno de los diversos componentes pequeños siguen unas reglas muy sencillas. La complejidad no se construye: surge. Pero ese es un gran tema que merece un libro entero.

Retomemos el tema de por qué las bandadas son buenas para las aves. Aunque la principal causa es que descon-

«COMO DE INNUMERABLES ALAS»
Una murmuración de estorninos es una de las maravillas del mundo.

GRULLAS EN UNA FORMACIÓN EN V

Aparte de la que va al frente, cada una de las demás se beneficia del rebufo creado por la que va delante.

ciertan a los depredadores, existe otro beneficio mucho más sutil que no tiene que ver con las murmuraciones, sino con la familiar formación en V que adoptan muchas aves migratorias. Se colocan de tal forma que aprovechan el rebufo creado por el ave que va delante. La mejor posición es detrás en diagonal; de ahí la formación en V de los gansos, las cigüeñas y muchas otras aves. Por supuesto, el ave que va delante de todas no se beneficia de esa ventaja. Se ha demostrado que los ibis se turnan en esa posición. Los ciclistas profesionales emplean el mismo truco, y lo mismo hacen los aviones de combate para ahorrar combustible. La compañía Airbus está investigando la posibilidad de que los grandes aviones de pasajeros vuelen en formación para ahorrar combustible.

Otro beneficio de volar en bandadas es sacar ventaja del hecho de que otros individuos encuentren alimento. Por muy buena que sea tu vista, una bandada tiene más ojos y cualquiera de ellos puede divisar una buena fuente de comida que a ti se te haya pasado por alto. Hay pruebas experimentales de que los carboneros comunes observan a sus compañeros cuando se alimentan, e incluso buscan en lugares parecidos a aquellos en los que sus compañeros de bandada han encontrado alimento.

¿Cuál es la siguiente solución al problema de lograr sustentación? Ser más ligero que el aire.

9

SÉ MÁS LIGERO QUE EL AIRE

EL GLOBO DE LOS MONTGOLFIER

Una obra de arte surcando los cielos.

9
Sé más ligero que el aire

Los aviones, los helicópteros y los planeadores, las abejas y las mariposas, las golondrinas y las águilas, los murciélagos y los pterosaurios, todos son más pesados que el aire. En cambio, los globos aerostáticos y los dirigibles son máquinas más ligeras que el aire. Flotan sin ningún esfuerzo, sostenidos por un gas como el hidrógeno o el helio, ambos más ligeros que el aire, o por aire caliente que también es más ligero que el aire frío circundante. Dicho con más precisión, se mantienen gracias al aire más pesado que cae a su alrededor, que los eleva por el principio de Arquímedes. Hasta donde sé, solo existen máquinas voladoras más ligeras que el aire creadas por el hombre. No conozco ningún animal que flote como un globo aerostático.

En la historia de la tecnología humana, las máquinas voladoras más ligeras que el aire aparecieron mucho antes que los aerodinos (aeronaves más pesadas que el aire). El primer vuelo humano se realizó en París en 1783: un globo aerostático de aire caliente fabricado por los hermanos Montgolfier. Joseph-Michel Montgolfier se dio cuenta de algo curioso al observar cómo se secaba una colada junto a un fuego. Bolsas de aire caliente empujaban las prendas hacia el techo. Este hecho provocó que Joseph-Michael se asociara con su hermano Jacques-Étienne, de mentalidad más empresarial, para fabricar globos aerostáticos de aire caliente. Construyeron una serie de globos cada vez más grandes, y experimentaron con pasajeros animales antes de arriesgar con humanos. Los primeros fueron aristócratas: el marqués d'Arlandes y Pilâtre de Rozier. De Rozier era científico, y uno muy ingenioso, por cierto, ya que, según un informe, el globo se incendió y él contuvo las llamas con su abrigo.

Solo unos días después, también fue en París desde donde se alzó el primer globo aerostático de hidrógeno tripulado por un humano. Lo pilotaba el profesor Jacques Charles, conocido por dar nombre a la Ley de Charles, la ley que gobierna la expansión de los gases. Charles iba en una hermosa cesta en forma de barco que colgaba de su globo aerostático. Aterrizó a pocos kilómetros de París, donde fue recibido por dos duques que llegaron al galope. No satisfecho con su vuelo inicial, Charles volvió a despegar en poco tiempo, después de prometerle al duque de Chartres que regresaría. Y lo cumplió. Por suerte, este globo aerostático de hidrógeno no se incendió, ya que habría sido el final, tanto del globo como de los intrépidos aeronautas. Estas primeras hazañas en globo aerostático fueron muy peligrosas y varios de los primeros aeronautas perdieron la vida. El propio De Rozier acabó trágicamente, algo que se veía venir, cuando despegó en un globo híbrido diseñado por él mismo: un globo de aire caliente suspendido bajo un globo aerostático de hidrógeno. ¿Entiende por qué he dicho que «se veía venir»?

El globo aerostático de los Montgolfier con el que De Rozier había volado anteriormente era una belleza, diseñado para ser admirado por los personajes de la realeza que se encontraban entre los miles de testigos fascinados. Los globos aerostáticos de aire caliente modernos son de todos los colores y de formas divertidas, además de los que mantienen la típica forma de pera. Los primeros globos aerostáticos de los Montgolfier permanecían amarrados. Resulta difícil conocer detalles más precisos a partir de los relatos de la época, algunos de ellos contradictorios, pero parece ser que dejaban el fuego en el suelo cuando despegaban, y seguramente aterrizaban de nuevo con bastante rapidez, cuando el aire que llenaba el globo aerostático se enfriaba. Más adelante, los globos aerostáticos de los Montgolfier llevaban un brasero debajo y los aeronautas alimentaban el fuego con paja. Los globos de aire caliente modernos queman gas de una bombona de propano que dispara ráfagas cortas y precisas de calor intenso hacia el interior de la bolsa de aire.

El lector podría pensar que la máquina más ligera que el aire ideal no contendría nada más que vacío, ya que ¿qué hay más ligero que eso? Desafortunadamente, para poder resistir el aplastamiento producido por la presión del aire exterior, la nave necesitaría una carcasa resistente hecha de algo como el acero, cuyo peso frustraría el propósito, por decirlo suavemente. Para que un globo aerostático o un dirigible sean viables deben tener una envoltura que pese muy poco y estar alimentados con un gas más ligero que la mezcla de nitrógeno y oxígeno que predomina en el aire de nuestro planeta. El hidrógeno es el elemento más ligero de todos, razón por la cual los primeros dirigibles utilizaban ese gas o el gas de hulla, que es rico en hidrógeno, así como otros gases ligeros como el metano. ¡Mala idea! El hidrógeno es alta y explosivamente inflamable. Desde la trágica destrucción del gigantesco Hindenburg en 1937, los diseñadores de dirigibles prefieren el segundo gas más ligero, el helio.

> Por cierto, para poder transportar pasajeros, el helio necesario para inflar el globo aerostático resulta muy caro. Pero se pueden comprar pequeñas bombonas para llenar los globos que se utilizan en las fiestas. No es inflamable y es relativamente inofensivo. También ayuda a que la fiesta sea más divertida. Y eso se debe a que, al ser más ligero que el aire, el sonido viaja a su través casi tres veces más rápido que en el aire. Esto significa que, si respiramos helio y lo introducimos en nuestros pulmones, al hablar pareceremos Minnie Mouse. No abuse. Demasiado helio, o si lo inhala demasiado profundamente, puede tener malas consecuencias.

En la actualidad, dado el coste del helio, los globos aerostáticos de aire caliente son mucho más comunes. El aire caliente, como hemos visto al hablar de las térmicas, es más ligero que el aire frío. Resulta más barato calentar el aire que contiene un globo aerostático con un soplete que utilizar helio, aunque es un poco más ruidoso, lo que estropea parte del encanto de volar sobre la tranquila campiña. De los tres viajes en globo aerostático que he podido realizar, uno de ellos fue junto a un equipo de televisión. Se suponía que yo debía dar un elocuente discurso sobre el dulce encanto de la misa de vísperas en las iglesias rurales inglesas mientras pasábamos por delante de sus torres y campanarios. No le sorprenderá saber que la tripulación tuvo que limitar su actividad a las pausas entre los rugidos del quemador de propano.

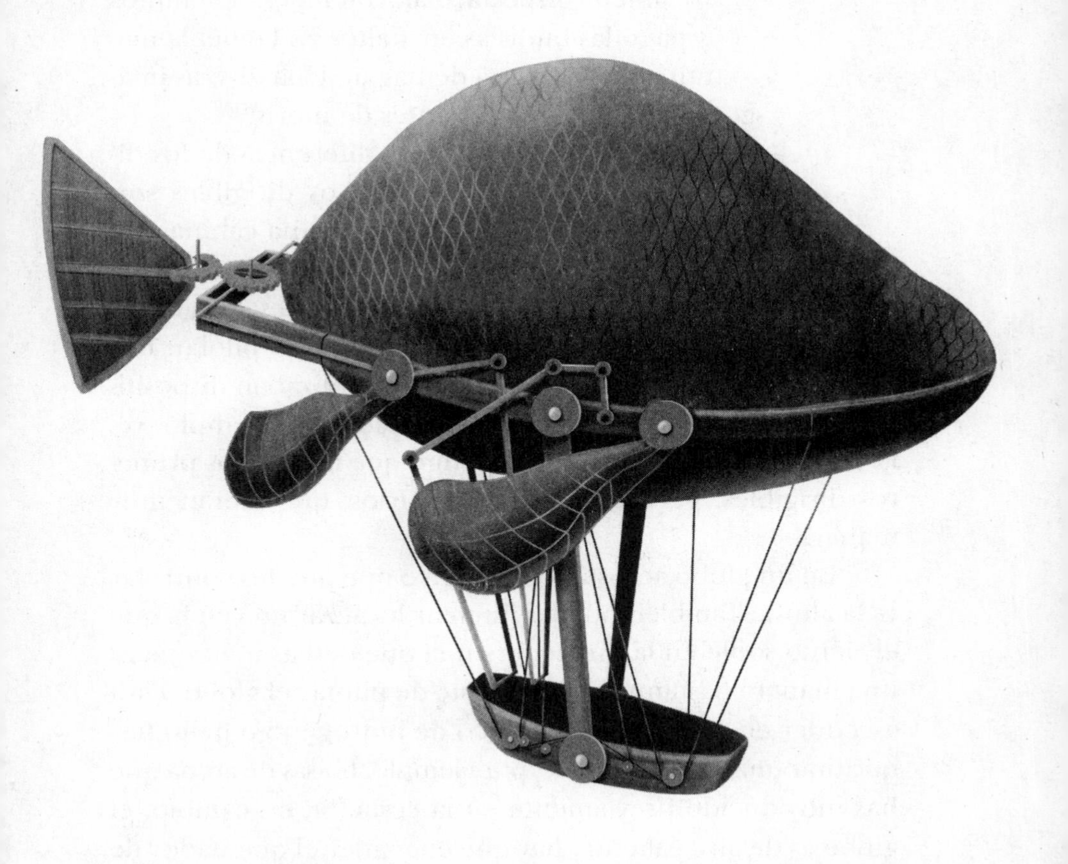

DISEÑO DE UN GLOBO DIRIGIBLE CON FORMA DE PEZ
¿Sería acaso un producto intermedio evolutivo entre el globo aerostático y el dirigible?

El mundo de los aeronautas profesionales parece ser bastante pequeño. Mi tercer y más memorable viaje fue en Birmania y, por pura coincidencia, mi piloto era el mismo que guio el globo aerostático en el que subí con el equipo de grabación para volar sobre las iglesias parroquiales de la pacífica campiña inglesa.

En Birmania sobrevolamos un paisaje realmente espectacular, con miles de templos y pagodas budistas envueltos en la niebla matutina de la llanura de Bagan. Una de esas imágenes que hay que ver antes de morir.

Los globos aerostáticos, a diferencia de los dirigibles, son difíciles de pilotar. Los dirigibles son grandes globos aerostáticos que tienen una cabina que cuelga en la parte de abajo, y que además poseen hélices para impulsarlos horizontalmente. Los puedes dirigir, de ahí su nombre, lo que significa que los puedes pilotar. Los primeros diseños de globos aerostáticos utilizaban dispositivos de dirección inspirados en los barcos, por ejemplo, velas, timones, remos y palas. Supongo que fueron los primeros dirigibles, pero dudo, al observarlos, que fueran muy manejables.

En un globo aerostático, lo único que puedes controlar es la altura. También puedes intentar localizar una en la que el viento sople en la dirección en la que deseas ir, lo que es una manera bastante impredecible de pilotar el globo. Para ascender en un globo aerostático de hidrógeno o helio hay que tirar una parte del lastre, por ejemplo, bolsas de arena que has introducido previamente en la cesta. Si, en cambio, el globo es de aire caliente, hay que encender el quemador de propano para que lance una llamarada. Para descender hay que estirar de una cuerda que abre una ventanilla en la parte superior del globo para que se libere una parte del aire (o gas) caliente. Es sorprendente lo sensible que es el globo a los ligeros cambios de peso. Cuando se utiliza lastre, hay que deshacerse solo de una pequeña cantidad para poder ganar altitud. Eso es así porque el globo es un aerostato, es decir, está en equilibrio con el aire que lo rodea. Pero ¿qué significa eso?

La densidad de la atmósfera disminuye con la altitud, por lo que debe haber alguna altura crítica en la que el globo se pueda sostener en perfecto equilibrio. Si el globo está a una altura inferior a la de equilibrio, entonces ascenderá. Si, en cambio, se encuentra en una altura superior a la de equilibrio, descenderá. Al soltar arena (o encender el quemador) se consigue el efecto deseado cambiando la altitud «preferida» del globo, es decir, la de equilibrio. También he de decir que los aeronautas a veces utilizan un dispositivo sencillo pero muy inteligente para regular automáticamente su altitud, y que funciona solo cuando el globo se encuentra cerca del suelo. Cuelgan una cuerda larga, la «soga de amarre» fuera de la cesta. El peso de la cuerda, aunque sea ligera, es importante. Cuando el globo está a baja altura, la mayor parte de la cuerda se halla en el suelo, por lo que su peso no forma parte del peso neto de la nave. Si el globo asciende, la mayor parte de la cuerda está por encima del suelo y su peso hace que el globo descienda un poco. De esta forma, la soga de amarre regula automáticamente la altura del globo. Me parece sorprendente, ya que podemos pensar que una simple cuerda sería demasiado ligera para que se note la diferencia, pero solo demuestra que un aerostato es una máquina más ligera que el aire. Poco antes de que el gigantesco dirigible Hindenburg explotase en Nueva Jersey, en 1937, había descendido más de lo que debería. La película que se grabó muestra a la tripulación intentando frenéticamente ganar altura soltando por la borda agua de lastre, y no parece que fuera mu-

cha en comparación con el tamaño de la aeronave. Por la misma razón, durante la primera travesía que realizó en 1785 Jean-Pierre Blanchard, en un intento de cruzar el canal de la Mancha en globo aerostático, su compañero estadounidense y él se vieron obligados a tirar por la borda todo lo que había en su hermosa cesta en forma de barco, incluida su ropa.

Unas páginas atrás he mencionado a mi antiguo jefe, el serio John «el Risueño» Pringle, y su investigación sobre los músculos que provocan el movimiento oscilatorio. Resulta que también era un experto piloto de planeadores, por lo que algo sabía sobre permanecer en el aire. Y lo mismo ocurrió con sir Alister Hardy, su brillante predecesor en Oxford como titular de la cátedra Linacre de Zoología, quien fue un entusiasta de los globos aerostáticos durante la década de 1920. Hardy escribió un librito encantador, *Weekend with Willows*, en el que describía el viaje en globo, ajetreado e incluso peligroso, que realizaron cuatro jóvenes caballeros desde Londres hasta Oxford, pilotado (de forma un poco temeraria) por el famoso aeronauta y diseñador de dirigibles el capitán Ernest Willows, quien más tarde moriría en un trágico accidente de globo. Su globo aerostático se elevaba con gas de hulla, y Hardy describe cómo tuvo que buscar una fábrica de gas en Londres dispuesta a venderles todo el que necesitaban. El vuelo de Londres a Oxford quedó inmortalizado en un poema épico de 426 líneas escrito por un integrante del equipo, el amigo de Hardy Neil Mackintosh.

DESNUDARSE PARA SALVAR LA VIDA (*IZQUIERDA*)
Blanchard cruzó con éxito el canal de la Mancha en globo en 1785. Pero, al perder altura de forma peligrosa, su compañero y él tuvieron que lanzar por la borda todo lo que contenía su cesta, incluida la ropa que llevaban y su timón.

Citaré solo siete pareados con los que intentaré transmitir su ingenio y el espíritu de aventura de la expedición; en mi opinión, un espíritu parecido al que dio lugar a *Tres hombres en un bote*, un relato humorístico victoriano sobre un viaje en barco por el Támesis que condujo a un grupo parecido de jóvenes y un perro llamado Montmorency hasta Oxford.

En un momento dado, entre Londres y Oxford, Hardy y sus amigos no tenían ni idea de dónde se encontraban. De entre la niebla salió…

Una trampa imprevista y mortal
que podría habernos causado un percance fatal.
Fatal es una palabra acorde,
porque justo antes de que fuera demasiado tarde
vimos emerger de las penumbras,
rodeada de sepulcros, bóvedas y tumbas,
sobre una colina una iglesia descomunal,
cuyo campanario el cielo parecía alcanzar.
Y con miedo acabamos sudados,
para no morir en su aguja clavados,
los sacos de lastre fueron lanzados sin espera;
y las tumbas recibieron un poco de arena,
en lugar de cadáveres, aplastados y cruentos,
si no, no habría escuchado mi cuento.

El problema de los globos aerostáticos, tal como hemos visto, es que no se pueden dirigir. Nunca sabes dónde vas a aterrizar, por lo que (como sé a partir de mi experiencia personal viajando en globo por la campiña de Oxford) debes tener un equipo de recuperación persiguiéndote en un vehículo. Mi aterrizaje en Oxford fue bastante ajetreado debido a una inesperada ráfaga de viento de última hora que nos hizo volar de lado,

arrastrándonos por un seto y a través de dos campos hasta que finalmente pudimos salir de la cesta. Sin darme cuenta, aterricé suavemente sobre una encantadora joven del grupo que no se quejó. También iba con nosotros un profesor japonés que estaba de visita, y cuyo dominio del inglés era limitado. El granjero del campo en el que aterrizamos vino a toda prisa mientras nos levantábamos y nos sacudíamos el polvo. «¿De dónde vienen?», nos preguntó muy excitado. Esta era una pregunta que el profesor ya había escuchado anteriormente y sabía la respuesta. «Ho —replicó sin titubear—, ¡de Japón!» En los tiempos mucho más despreocupados de Alister Hardy no contaban con un coche de apoyo y un remolque, como nosotros. Los aeronautas buscaban una línea de ferrocarril, y aterrizaban cerca de ella. Después de guardar el globo en su bolsa de lona, se subían al siguiente tren, el cual tenía la obligación de detenerse y recogerlos, sin duda para el deleite de los pasajeros que iban a sufrir un retraso.

Como dije al inicio de este capítulo, no parece que haya evolucionado ningún animal que se parezca a un globo aerostático. Algunas arañas y orugas pequeñas se desplazan en ocasiones gracias a lo que se conoce como «vuelo arácnido». También se llama «cometa arácnida», que es un nombre más apropiado, porque no implica tener que ser más ligero que el aire. La araña libera hilos de seda que actúan como una especie de cometa, atrapando el viento y levantando a la pequeña araña en el aire. Las arañas inmaduras viajan cientos de kilómetros formando parte del conocido como plancton aéreo, del que hablaré en el capítulo 11. Hay pruebas de que las arañas que practican el vuelo arácnido obtienen algo de sustentación cuando despegan gracias al campo electrostático de la Tierra. Usted mismo puede ver cómo funciona la electricidad estática. Frótese un trozo de plástico en el pelo. Verá que, después de hacerlo, el plástico atrae a pequeños objetos, por ejemplo, trocitos de papel. No se trata de magnetismo, aunque se parezca un poco. Es la electricidad estática. Y es la fuerza eléctrica estática la utilizada por algunas crías de araña para lanzarse al aire.

Pero ¿hay algún animal que vuele como un verdadero globo? ¿Flota realmente algún animal por ser más ligero que el aire? Nos podríamos preguntar si sería posible la evolución, de forma natural, de un animal similar a un globo. Los ingredientes necesarios existen en el mundo animal. Algunos globos fabricados por el hombre se han construido con seda, que es ligera y resistente. La seda, por supuesto, fue inventada por las arañas y también de forma independiente por los insectos, especialmente por las orugas que llamamos «gusanos de seda». Algunas larvas de frigáneas fabrican trampas de seda con las que pescan pequeños crustáceos y, a diferencia de las típicas telarañas, con estas es muy posible que se pudiera fabricar un globo. Por lo tanto, con la tecnología de que disponen los animales sería posible fabricar tejidos de seda. Pero ¿con qué gas se podrían rellenar? Es difícil imaginar cómo podría evolucionar en los animales la capacidad de fabricar helio. Algunas bacterias pueden producir hidrógeno, y se habla mucho sobre cómo se podría explotar comercialmente esa habilidad para fabricar combustible. Los animales aprovechan las capacidades bacterianas en otros ámbitos, por ejemplo para generar luz. También generan fácilmente otro gas ligero, el metano. El metano emitido por las vacas, una vez más producido por bacterias (y otros microorganismos) presentes en sus estómagos, es una fuente preocupante de emisión a la atmósfera de gases de efecto invernadero. También lo produce la vegetación en descomposición.

Conocido como «gas de los pantanos», a veces se inflama creando lo que se conoce como «fuego fatuo». Y, en cuanto al aire caliente, el ejemplo más impresionante que conozco de producción de calor en los animales es el arma

TEJIDO DE SEDA

Esta trampa hecha de seda y elaborada por una larva de frigánea no es un globo. Pero demuestra que los animales son capaces de fabricar uno de los componentes que serían necesarios para confeccionar uno.

utilizada por algunas abejas japonesas contra los avispones que asaltan sus nidos. Los acosan y los rodean formando una apretada bola de abejas. Al hacer vibrar sus abdómenes, las abejas logran que la temperatura ascienda hasta los 47 grados Celsius. Esto «cuece» literalmente al avispón hasta que muere. No importa si también se cuecen y mueren algunas abejas: hay muchas más que ocuparán su lugar. Sin embargo, aunque algunos de los componentes necesarios para fabricar un globo aerostático (el calor, el hidrógeno, el metano y una fábrica de seda tejida) parece que están disponibles gracias a la evolución natural, no conozco ningún ejemplo en el que se hayan reunido todos ellos para permitir que un animal despegue por ser más ligero que el aire. Quién sabe, igual está esperando a que lo descubramos.

El agua es mucho más densa que el aire, por lo que es muy común y sencillo ser más ligero que el medio en que te halles. Lo comprobamos cada vez que nadamos. Konrad Lorenz empieza su relato sobre el buceo de superficie recordando sus sueños infantiles de volar. De todos modos, estamos hechos principalmente de agua, y el aire de nuestros pulmones nos hace más ligeros todavía. Los tiburones son ligeramente más pesados que el agua y, al igual que las aves que baten sus alas en el aire, tienen que nadar todo el tiempo para no hundirse lentamente. Pero los peces teleósteos (peces óseos en contraposición a los cartilaginosos como los tiburones) merecen una mención honorífica en este capítulo porque son hidrostatos dotados de un control muy preciso, es decir, son capaces de modificar su densidad. En este aspecto son como dirigibles, que también son aerostatos muy precisos. Como vimos antes, un aerostato encuentra su nivel idóneo en una altitud en el que la sustentación proporcionada por el gas menos denso de su interior equilibra exactamente el peso de la nave, incluidos los pasajeros. Y así se mantienen en equilibrio en el aire. Los peces hacen lo mismo controlando con precisión su vejiga natatoria. Se trata de una bolsa de gas situada en el interior del pez. Al cambiar la cantidad de gas presente en la vejiga, el pez puede modificar su densidad y de esa manera ascender o descender para encontrar un nuevo nivel en el que vuelva a estar en equilibrio. Por eso da la impresión de que los peces teleósteos van a la deriva sin esfuerzo alguno. Es una de las razones por las que las peceras son espectáculos tan relajantes para tener en una habitación. La vejiga natatoria permite al pez gastar solo la energía que necesita para impulsarse horizontalmente. A diferencia de las aves voladoras y de los tiburones, los peces teleósteos no tienen por qué gastar energía para obtener sustentación. Las aves podrían hacer lo mismo en el aire si tuvieran una vejiga natatoria aérea llena de metano. Pero no la tienen.

Los peces no son los únicos animales en los que ha evolucionado una vejiga natatoria, es decir, un medio mediante el cual regular su densidad. Los sepiidos, que no son peces sino moluscos, parientes de los calamares y los pulpos, mantienen el equilibrio hidrostático retirando o inyectando líquido en su «hueso» poroso (el hueso de jibia que se les suele dar a las aves enjauladas como suplemento de calcio).

A la hora de volar, las «máquinas más ligeras que el aire» tienen grandes limitaciones, razón por la cual, en la actualidad, los dirigibles prácticamente han desaparecido de nuestros cielos. Se utilizan como diversión o para campañas publicitarias, en lugar de como medio de transporte comercial. Incluso

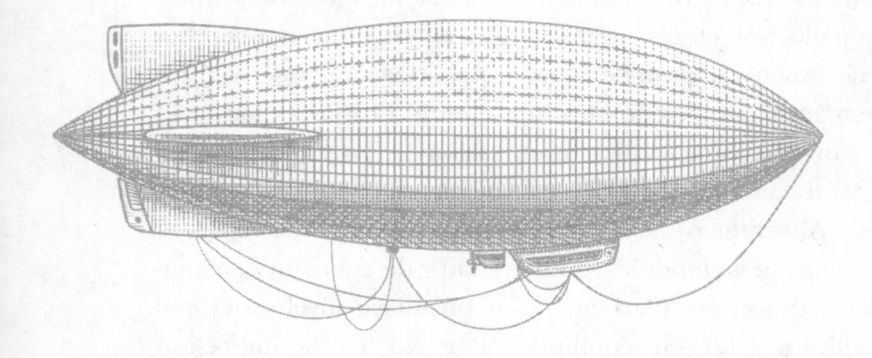

el hidrógeno, el gas más ligero, no es lo suficientemente ligero para elevar una carga pesada a menos que se utilice una enorme cantidad. Asimismo, el contenedor para tal cantidad de gas debe ser igualmente ligero, lo que significa que será endeble y vulnerable, ya que a menudo se trata de un tejido suave con un mínimo soporte de un esqueleto rígido o semirrígido. La forma más estable para una bolsa de gas bajo presión es una esfera. Es por este motivo por el que la mayoría de los globos aerostáticos, desde los Montgolfier en adelante, son esféricos o casi esféricos. Pero una esfera no es una buena forma para viajar rápidamente a través del aire, por lo que los dirigibles avanzados impulsados por motores, por ejemplo, los famosos zeppelines, solían tener una forma aerodinámica de cigarro. Pero, cuanto más se aleja el dirigible de la forma esférica estable, más necesita su bolsa de gas un soporte esquelético rígido para conservar su forma. Esto añade un peso extra, lo que incrementa la necesidad de aumentar el volumen de gas solo para elevar el dirigible, sin contar ni el cargamento ni los pasajeros. Y, cuanto más voluminoso sea el contenedor del gas, más grande es la resistencia al intentar avanzar por el aire. Si lo que quieres es velocidad, los dirigibles no pueden competir con los aviones, que obtienen su sustentación gracias a su movimiento horizontal. Por otro lado, dado que no consumen combustible para obtener sustentación, su conducción resulta barata. Así que, si no le importa no ser veloz, por ejemplo si está transportando un cargamento sin una fecha de entrega exigente, puede que se sienta tentado a utilizar un dirigible. Pero, dado que la velocidad máxima de un dirigible es tan baja (el récord mundial solo llega a los 112 kilómetros por hora), no puede hacer frente a los tipos de vientos en contra con los que se topa un avión a reacción. Seguramente podrían ir más rápido, pero necesitarían motores tan grandes como los de un jumbo. Y esos motores serían demasiado pesados para que el dirigible pudiera elevarse usando el principio del aerostato.

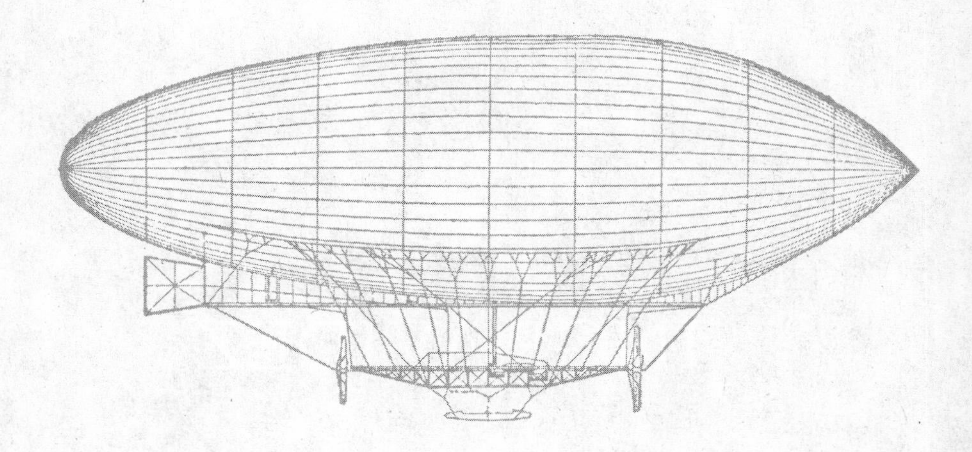

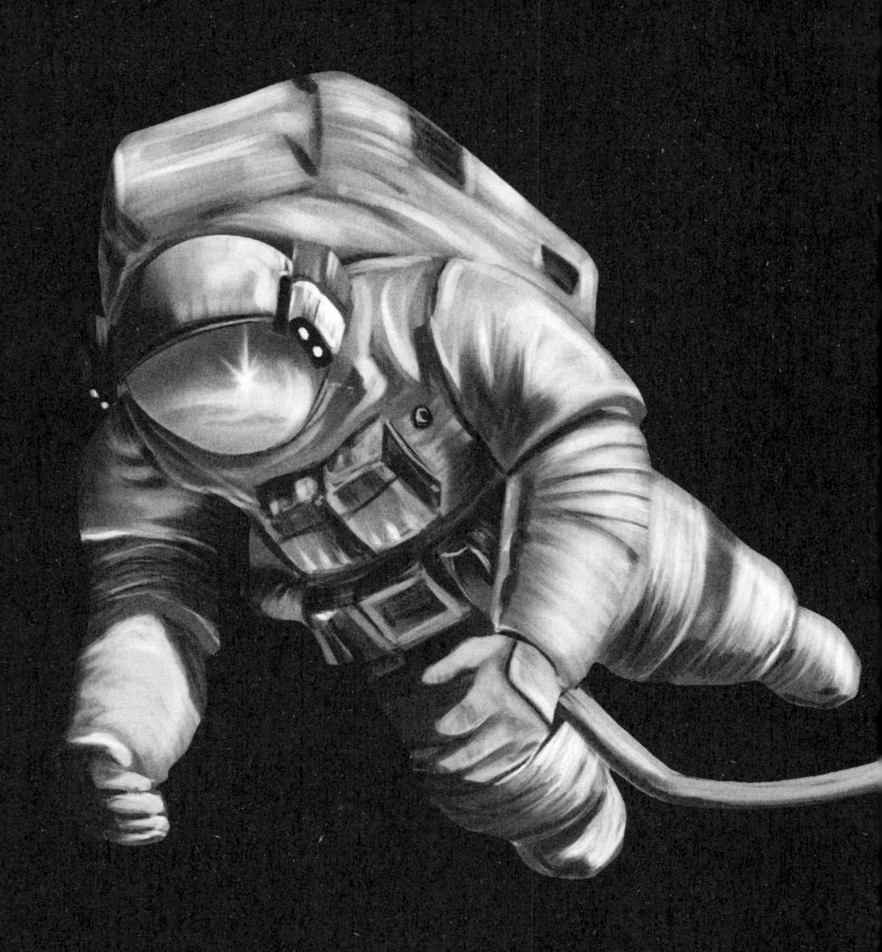

10

INGRAVIDEZ

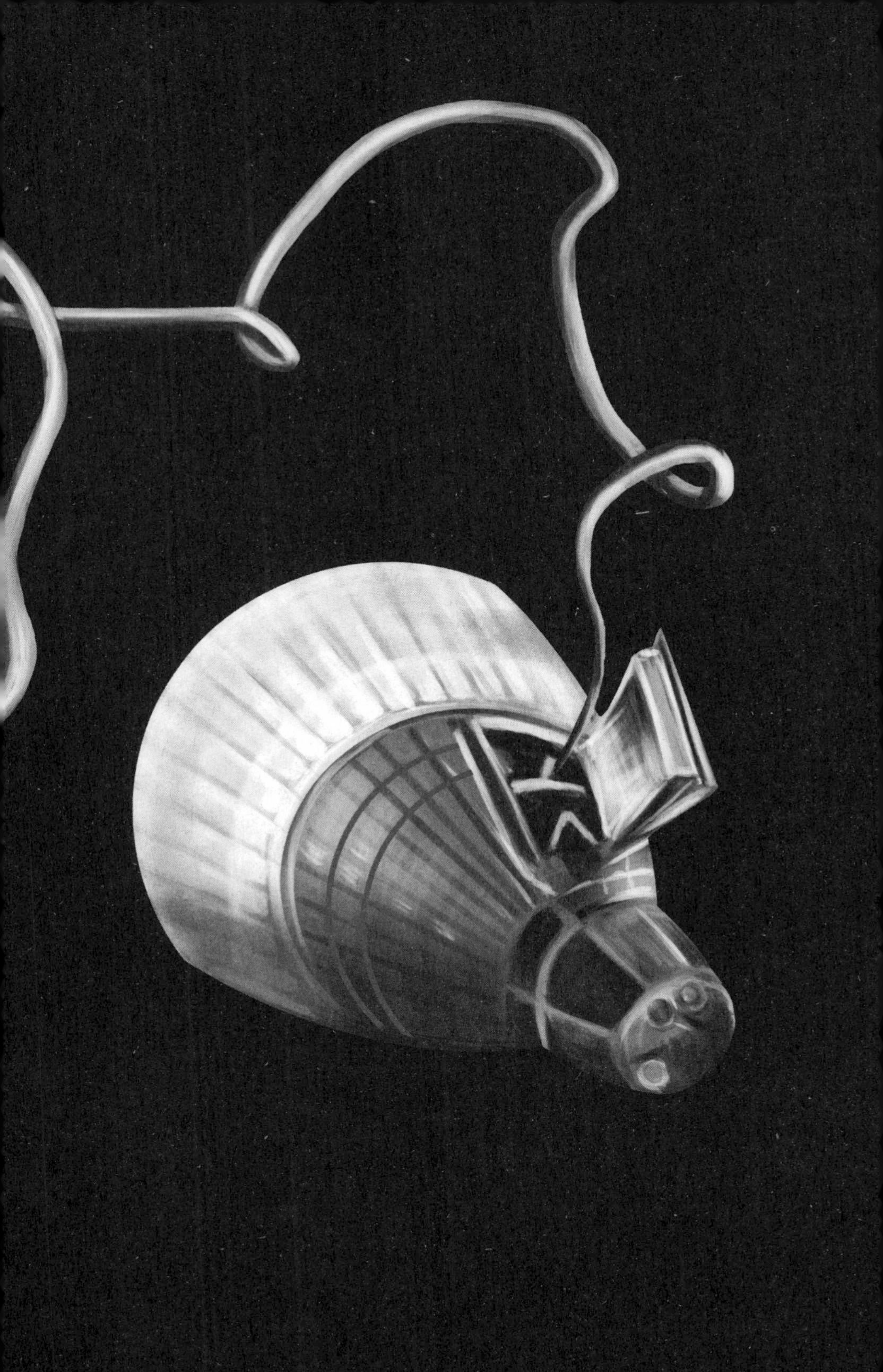

CAYENDO ALREDEDOR DEL MUNDO

El astronauta se siente como si estuviese volando, pero realmente está en caída libre.

10
Ingravidez

Pasemos ahora al último método con el que podemos desafiar a la gravedad, la ingravidez. A primera vista es un método que solo utilizamos los humanos y, de hecho, solo los que cuentan con una tecnología avanzada. Si usted fuera un astronauta que está en la Estación Espacial Internacional (ISS, por sus siglas en inglés), disfrutaría de una maravillosa sensación de volar. Estos afortunados y escasos individuos son los que más cercan están de cumplir el sueño de Leonardo. En la estación espacial no existe la sensación de arriba o abajo. Ninguna de las superficies del espacio en el que viven merece el calificativo de suelo o techo. Flotan como fantasmas y, cuando van a comer (seguramente el contenido de un tubo como los de dentífrico, porque, servida en un plato, la comida flotaría y se escaparía) con un compañero, a cada uno de ellos le parecerá que el otro está al revés. Para pasar de una estancia a otra de la estación espacial lo hacen volando, se agarran en los asideros y se impulsan. Si saltan desde lo que para ellos es temporalmente el suelo, por muy suave que sea el impulso, se elevarán volando hasta el techo y se golpearán la cabeza. Si los astronautas necesitan salir al exterior para realizar alguna labor de mantenimiento o alguna reparación, flotan de nuevo libremente y tienen que estar atados para no alejarse

de la nave espacial. Se mueven sin rumbo, sin esfuerzo alguno, como un globo, o como un pez que domina a la perfección su vejiga natatoria. Sin embargo, a diferencia de los peces, la razón por la que flotan no es que posean la misma densidad que el medio circundante. El medio en el que se desenvuelven en el interior de la estación espacial es aire, fuera hay un vacío casi perfecto, y en ambos casos ellos son mucho más densos que el medio que los rodea. Entonces ¿por qué flotan?

En estos casos se comete un error muy común que es necesario que aclaremos sin demora. Muchas personas creen que los astronautas son ingrávidos porque están lejos de la Tierra y fuera del alcance de su gravedad. Y eso es un error. La estación espacial no está tan lejos de la Tierra (está a menos distancia que la que separa Londres de Dublín) y la gravedad de la Tierra tira de ella casi con la misma fuerza que si se encontrara al nivel del mar. No, los astronautas son ingrávidos en el sentido de que, si se subieran a una báscula, esta indicaría que su peso es cero. Tanto los astronautas como las básculas flotan libremente alrededor de la estancia, lo que provoca que el cuerpo no ejerza presión alguna sobre la báscula. Por lo que su peso es cero.

Los astronautas y las básculas, la estación espacial y todo lo que esta contiene flotan porque están en caída libre. Están cayendo continuamente alrededor del mundo. La gravedad sigue actuando sobre ellos, atrayéndolos hacia el centro de la Tierra. Pero, al mismo tiempo, se están moviendo a gran velocidad alrededor del planeta, tan velozmente que siguen evitando llegar a la Tierra incluso mientras caen. Eso es lo que significa estar en órbita. La estación

espacial está en órbita y flota por una razón completamente diferente a la del globo aerostático, que estaba en equilibrio aerodinámico. El globo se sostiene gracias a la presión del aire circundante. Por eso no cae. Los astronautas que están en órbita sí que caen. Lo hacen continuamente. La Luna está cayendo, y lleva haciéndolo desde hace más de cuatro mil millones de años. Cae alrededor del mundo, cae trazando una órbita perpetua.

¿Son ingrávidos los aeronautas? No, por supuesto que no. Sus pies están firmemente sujetos al suelo de la cesta en la que viajan, y no tienen ninguna tendencia a salirse de ella como sería el caso si estuvieran en órbita. Si, en la cesta, se suben a una báscula, esta registrará todo su peso. Por lo tanto, la auténtica ingravidez es nuestro último método para desafiar la gravedad. Solo se ha podido lograr gracias a la avanzada tecnología humana. Pero ¡un momento! ¿Es eso rigurosamente cierto? Piense en ello de la siguiente forma.

El primer astronauta que estuvo en órbita fue Yuri Gagarin en 1961. En plena lucha por el dominio del espacio, Estados Unidos lanzó a Alan Shepard, también en 1961. No se puso en órbita, pero realizó lo que se consideró un salto extremadamente alto, de más de 150 kilómetros de altura, al final del cual cayó sobre el Atlántico. Durante la fase de aceleración del vuelo, Shepard seguía pesando. Si se hubiera subido a una báscula, esta habría registrado un peso 6,3 veces superior al suyo. De hecho, era 6,3 veces más pesado. Sin embargo, después de que los motores del cohete se apagaran, es decir, durante la mayor parte de su ascenso, además de durante una gran parte de su descenso hasta que se abrió el paracaídas, él y su cápsula estuvieron en caída libre. Si hubiera tenido una báscula, habría registrado que su peso era cero durante una gran parte de su espectacular salto.

Regresemos ahora a la cuestión de si existe algún animal no humano que haya conseguido llegar a un estado de ingravidez. Nuestra respuesta preliminar era negativa, porque ningún animal ha desarrollado un motor de cohete capaz de alcanzar la velocidad orbital. Hemos visto que Alan Shepard, a diferencia de Yuri Gagarin, no logró alcanzar la velocidad orbital. Sin embargo, ambos hombres consiguieron estar en ingravidez. Y ahora, piense en ese saltador proverbial, la pulga, y pregúntese en qué se diferencia de Alan Shepard. Al no contar con un motor de cohete, una pulga tiene que utilizar sus músculos.

> Por cierto, una interesante cuestión secundaria es que los músculos no se pueden mover lo suficientemente rápido como para proporcionar la aceleración explosiva repentina que se necesita para realizar un salto tan alto como el de la pulga. La energía de los músculos de la pulga (inevitablemente lentos) se almacena en un muelle elástico. Es el mismo principio de la catapulta, el arco o la ballesta. Una catapulta puede impulsar una piedra a una velocidad superior a la que se lograría tan solo utilizando los músculos del brazo que se utilizan para tirar de la goma hacia atrás. El estiramiento de la goma almacena la energía muscular. Las pulgas y los saltamontes, como cualquier otro insecto saltador, están equipados con un maravilloso material elástico llamado «resilina», el equivalente a la goma de la catapulta, pero mucho mejor: es un material superelástico. Los músculos de la pulga enrollan lentamente

la resilina. A continuación, la energía elástica almacenada se libera repentina y simultáneamente en ambas patas, y la pulga sale disparada en el aire.

Según la teoría matemática, la altura máxima a la que puede saltar un animal no está relacionada con su tamaño. En la práctica, por supuesto, existen casos muy dispares, ya que algunos animales como las pulgas y los canguros (y los saltadores olímpicos) son especialistas a la hora de saltar, mientras otros, como los hipopótamos y los elefantes (y yo) no. Una pulga puede saltar hasta una altura de 20 centímetros, que no es mucho más de lo que puede saltar un humano desde una posición estática y recta. Sin embargo, si lo comparamos con el tamaño de su cuerpo, para una persona equivaldría a saltar por encima de la torre Eiffel. Otro ejemplo de grandes saltadores son las arañas saltadoras, pequeños y encantadores seres que saltan bombeando fluido en sus patas huecas. Aunque son más grandes que las pulgas, las arañas saltadoras alcanzan la misma altura, lo que confirma que la altura absoluta del salto es independiente del tamaño.

En teoría, si no tenemos en cuenta factores como la resistencia del aire, la trayectoria de la pulga o el salto de la araña, trazarían una elegante curva, lo que los matemáticos llaman «parábola». La trayectoria que siguió Alan Shepard se parece bastante a una versión ampliada de la parábola que traza la pulga, excepto porque se siguió propulsando durante la primera parte de su ascenso. La propulsión activa de la pulga se detiene en el mismo momento en que abandona el suelo. La

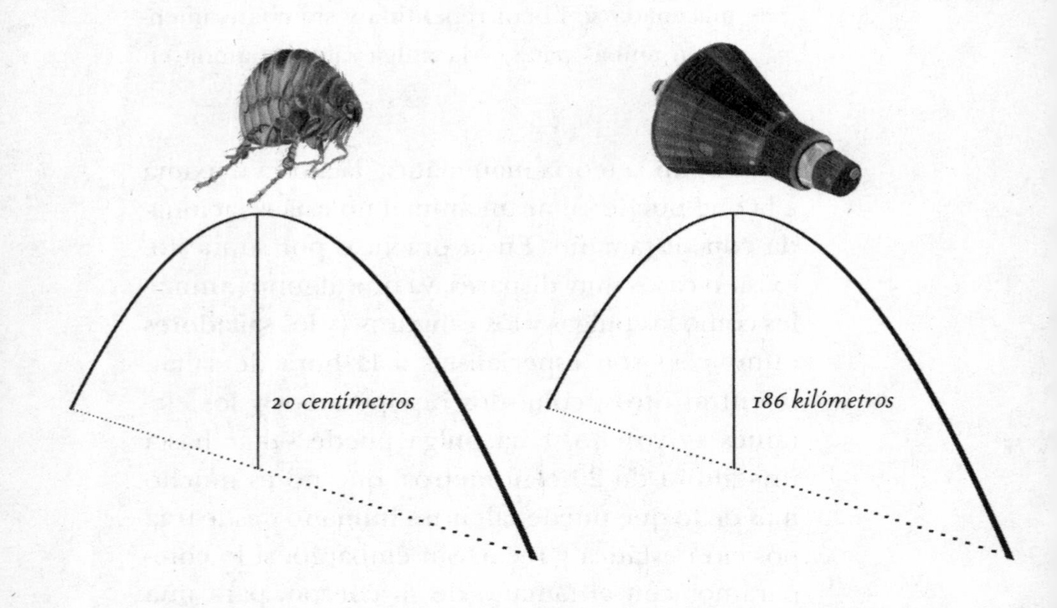

EL GRAN SALTO DE ALAN SHEPARD
Y el pequeño, aunque impresionante, salto de una pulga. Ambos trazan una parábola, pero con algunas complicaciones.

trayectoria de Shepard se complicó por culpa de las diversas maniobras que tuvo que realizar y que él mismo controló manualmente, por ejemplo el encendido de retrocohetes y el paracaídas al final.

«Supongamos que la vaca es una esfera y que está en el vacío» es una broma amistosa a costa de la costumbre (muy sensata) de los físicos teóricos de simplificar la realidad para que los cálculos sean más fáciles. Sigamos con la broma y obviemos alegremente los factores que complicarían tanto el salto de la pulga como el de Shepard. Ambos saltan trazando una elegante parábola. La diferencia es que la altura máxima del salto de la pulga es de 20 centímetros, y la del astronauta es de 186 kilómetros; la pulga es impulsada por energía muscular almacenada en resilina, y el astronauta, en cambio, por un cohete. Ambos alcanzan la ingravidez, la pulga durante menos de un segundo, el astronauta durante varios minutos. Cuesta imaginar una báscula para pulgas, pero, al igual que los físicos, nos podemos permitir esa licencia. Y (de nuevo obviando la resistencia del aire y otras complicaciones) la pulga, y la báscula en la que se subiría en su caída libre conjunta, darían exactamente el mismo peso que el astronauta en la suya: cero.

Pasemos ahora a Gagarin, o a la moderna estación espacial, para seguir con nuestro cuento de hadas teórico. La ingravidez de Gagarin en órbita no es diferente a la de Shepard, o a la de la pulga. En estos casos no fue solo durante la fase de descenso cuando era evidente que estaban cayendo. Tan pronto como la pulga abandona el suelo, ya está cayendo, aunque sigue desplazándose en dirección ascendente. Tan pronto como los motores del cohete de Shepard dejaron de impulsarlo, ya estaba cayendo (de nuevo, hacia arriba). Y era ingrávido. Simplemente, la ingravidez de Gagarin duró más tiempo. La de un astronauta en la estación espacial dura todavía más. Y la de la Luna dura miles de millones de años. Nuestra conclusión es que los astronautas no son los únicos animales que desafían la gravedad siendo ingrávidos. «Even educated fleas do it» (Incluso las pulgas domesticadas lo hacen).

II

PLANCTON AÉREO

FLOTANDO LIBRES COMO EL AIRE

¿Por qué no existen animales globo gigantes
que barran el plancton aéreo como hacen
las ballenas en el mar?

11
Plancton aéreo

En la zona alta de la atmósfera encontramos el llamado «plancton aéreo» o «aeroplancton». Es una población mixta compuesta por un gran número de granos de polen, esporas, semillas aerotransportables, diminutos insectos como *Tinkerbella,* arañas diminutas arrastrando pequeños paracaídas de seda y muchos más. Ya he hablado en páginas anteriores del vuelo arácnido, pero hay muchos otros ejemplos. Por supuesto, el nombre de *plancton* se ha tomado prestado del mar. Como si se tratase de una inmensa pradera ondulante, en las capas superficiales del mar abundan las plantas microscópicas, algas verdes unicelulares y bacterias que aprovechan la luz solar para realizar la fotosíntesis y son, gracias a ello, el punto inicial de la cadena alimenticia. Los animales microscópicos presentes en el plancton se comen las algas y ellos, a su vez, son comidos por criaturas más grandes, y así sucesivamente. Las criaturas planctónicas del mar practican lo que se conoce como «migración vertical»: descienden de noche a las profundidades, donde están más seguras, y luego migran hacia arriba de día para atrapar la luz solar de la que depende toda la vida.

Ya he mencionado a mi antiguo profesor de Oxford sir Alister Hardy cuando he hablado de su memorable viaje en globo aerostático de Londres a Oxford. La investigación más importante de su vida fue sobre el plancton marino.

> Inventó el registrador continuo de plancton (CRP, por sus siglas en inglés). Este instrumento se remolca detrás de un barco que no tiene por qué estar especializado en investigación, puede servir cualquiera. Contiene una banda extremadamente larga de seda que va pasando de un carrete a otro. El agua de mar pasa a través de la seda, y los organismos planctónicos quedan atrapados en ella. Cuando se examina el carrete, la posición en el mar en la que cada organismo planctónico fue atrapado se puede calcular a partir de la velocidad y la dirección del barco, además, por supuesto, de la velocidad a la que la seda pasaba de un carrete a otro.

Cuando me estaba documentando para este libro no me sorprendió descubrir que el profesor Hardy también estudió el plancton aéreo y trabajó en ello con otro compañero. Su artículo de 1938 es un modelo de escritura clara, afable, casi cariñosa, con un estilo que ninguna publicación científica actual aceptaría publicar. Utilizaron dos cometas para desplegar entre ellas una red que atrapaba el plancton aéreo. También usaron un coche viejo, un Bullnose Morris de la década de 1920, como parte del equipo. Después de conducir hasta el lugar de lanzamiento, levantaron el eje trasero y usaron una de las ruedas, de la que extrajeron el neumático, para usarla de carrete en el que enrollar y desenrollar las cometas. Otros investigadores utilizaron redes arrastradas por aviones con una intención similar.

A diferencia del plancton marino, el aéreo no forma parte de la principal capa fotosintética de la que dependa ninguna cadena alimenticia, aunque haya algas y bacterias verdes capaces de realizar la fotosíntesis. Las plantas presentes en el plancton aéreo utilizan el aire como medio de dispersión, y también para propagar el polen y las semillas. El

SIR ALISTER HARDY

El gran experto en plancton marino estudió el plancton aéreo utilizando un par de cometas enganchadas a un coche apoyado en un gato.

lector se podría preguntar por qué es tan importante propagar las semillas a distancias tan lejanas. Sin duda, es para evitar la competencia entre los progenitores y la descendencia. Pero existe otra razón más sutil. Tiene que ver con la teoría matemática y también se puede aplicar a los animales. No entraré en los detalles matemáticos, pero seguiré mi costumbre habitual de intentar explicar una teoría matemática solo con palabras, sin utilizar símbolos algebraicos.

Si una planta o un animal están viviendo en el mejor sitio posible, parece que sería una ventaja obvia hacer que su descendencia creciera en ese mismo lugar. Después de todo, no hay otro lugar mejor en el que iniciar una vida. Sin embargo, la teoría matemática demuestra que un animal (o una planta) que adopta las medidas necesarias para enviar hasta una distancia lejana al menos a una parte de su descendencia, propagará mejor sus genes, a largo plazo, que un rival que libere a toda su progenie justo en la puerta adyacente a la de sus padres. Esto es cierto incluso si «la puerta de al lado» es (en el momento presente) el mejor lugar del mundo y mandarlos «muy muy lejos» es, por término medio, una opción mucho peor. Nos podemos hacer una idea de por qué esto es así si recordamos que las catástrofes, por ejemplo inundaciones o incendios forestales, se producen de manera ocasional y destruyen «el mejor lugar del mundo». Es evidente que catástrofes de ese tipo son muy poco comunes, y no tienen más probabilidades de ocurrir en «el mejor lugar del mundo» que en cualquier otro sitio. Sin embargo, al echar la vista atrás y fijarse en la historia de cualquier lugar concreto, por muy perfecto que sea en la actualidad, seguramente en algún momento pasado fue asolado por una catástrofe.

Cuando pienso en la evolución a menudo me resulta de gran ayuda mirar hacia atrás en el tiempo a través de las generaciones de antepasados. Un día pienso escribir un libro en esta línea titulado *El libro genético de los muertos*. Toda criatura viva, animal o vegetal, es el último miembro de una línea ininterrumpida de antepasados exitosos. Los antepasados tuvieron éxito por definición: sobrevivieron lo suficiente para convertirse en antepasados (y convertirse en antepasado es la definición darwiniana de éxito). Estoy utilizando este tipo de razonamiento para explicar por qué las plantas tienen que dispersar sus semillas por todas partes en lugar de limitarse a liberarlas en el terreno en el que se hallan los progenitores. Y también por qué los animales tienen que enviar lejos al menos a una parte de su descendencia para que, como Cristóbal Colón o Leif Erikson, se busquen la vida en tierras desconocidas.

Un animal (o una planta) exitoso puede vivir en el mismo lugar que sus progenitores, pero seguramente no en el mismo que sus tatarabuelos. Al menos algunos de sus antepasados debieron su éxito a haber dejado el refugio paterno, enviados lejos para buscarse la vida en tierras desconocidas. En el caso de las plantas, «enviados lejos para buscarse la vida» puede significar que esas semillas fueron transportadas por los vientos cambiantes.

La mayor parte de estas semillas transportadas por los vientos cayeron en terrenos pedregosos y se echaron a perder. No se convirtieron en antepasados. Pero cualquier ser vivo que mire atrás en el tiempo verá, casi con toda seguridad, que algunos de sus antepasados empezaron su vida lejos de sus padres y, por tanto, escaparon del incendio forestal, el terremoto, el volcán, la inundación o el equivalente que asoló de forma impredecible la zona de origen de sus padres. Esta es una de las razones por las que las plantas invierten tanto en la propagación de sus semillas hasta lugares alejados en lugar de optar por la solución sencilla de dejarlas caer cerca. Y lo mismo se puede decir de los animales. Esto, en parte, es de lo que se compone el plancton aéreo.

El difunto William Hamilton, amigo y colega, es conocido por sus brillantes contribuciones a la teoría darwiniana. Algunos dicen que fue el darwinista más importante de la segunda mitad del siglo XX. Muchas de sus ideas que por entonces parecían muy atrevidas son ahora ampliamente

aceptadas por los biólogos de todo el mundo. Una de sus contribuciones menos importantes fue la teoría que estoy intentando explicar y que, en su versión matemática, propuso junto con otro de mis colegas de Oxford, el físico australiano reconvertido en biólogo Robert May, quien más tarde llegó a ser presidente de la Royal Society y asesor científico principal del Gobierno británico. Pero Bill Hamilton también planteó algunas atrevidas propuestas que todavía están esperando ser tomadas en serio y que pueden parecer algo arriesgadas. Una de ellas es su extraordinaria sugerencia sobre el aeroplancton.

Su idea era que microorganismos como las bacterias y las algas unicelulares que se hallan en lugares altos de la atmósfera «siembran» la formación de las nubes de lluvia. Han evolucionado para hacer eso porque les beneficia ser transportadas por todo el mundo y, cuando caen con la lluvia, empiezan una nueva vida en un nuevo lugar. Es una de esas ideas difíciles de comprobar, y es justo decir que muchos científicos no se la han tomado en serio. Yo no la des-

cartaría, ya que podría verse como un excelente ejemplo de lo que denominé, hace ya tiempo (en un libro con ese mismo título) el «fenotipo extendido». Bill era conocido, entre otras cosas, por estar muy adelantado a su tiempo, y tenía razón demasiado a menudo como para que descartemos cualquier idea suya rápidamente. La idea inspiró un emocionante discurso con motivo de su entierro.

Primero quiero situar al lector. Algunos años antes de su fallecimiento, Bill publicó dos versiones de un extraño artículo titulado «Mi entierro previsto y por qué». En él, escribió:

> En mi testamento dejaré una suma para que mi cuerpo sea trasladado hasta estos bosques brasileños. Se colocará de manera segura para preservarlo de las zarigüeyas y los buitres, del mismo modo que protegemos a nuestras gallinas; y el gran escarabajo *Coprophanaeus* me enterrará. Entrarán, escarbarán, vivirán de mi carne y en la forma de sus hijos y la mía, escaparé de la muerte. Al no ser consumido por gusanos ni por sórdidas moscas, zumbaré en el crepúsculo como un enorme abejorro. Seré muchos, zumbaré tan fuerte como una multitud de motocicletas, seré transportado, cuerpo a cuerpo, volando, hacia el interior de la selva brasileña, bajo las estrellas, protegido bajo esos hermosos élitros no fusionados que todos sostendremos por encima de nuestras espaldas. Así que, finalmente, yo también brillaré como un escarabajo violeta debajo de una piedra.

Mientras los dolientes estábamos en una tarde gris y nublada junto al bosque de Wytham, cerca de Oxford, escenario de tantos años de investigación ecológica de vanguardia, la muy querida compañera italiana de Bill, Luisa

Bozzi, se arrodilló afligida y habló ante su tumba abierta. Después de explicar por qué no había sido posible cumplir con su deseo de descansar en la selva brasileña, pronunció estas extraordinarias palabras:

> Bill, ahora tu cuerpo descansa en el bosque de Wytham, pero desde aquí llegarás de nuevo a tu amada pluviselva. No solo vivirás en un escarabajo, sino en miles de millones de esporas de hongos y algas que el viento elevará hasta la troposfera, todo tu ser formará las nubes y, después de vagar por los océanos, caerás de nuevo y volverás a ascender, una y otra vez, hasta que finalmente una gota de lluvia te llevará al agua del bosque inundado del Amazonas.

Lamentablemente, la propia Luisa falleció poco después. Pero sus hermosas palabras están grabadas en un banco de piedra situado junto a la tumba de Bill. Acabo de visitar el lugar de nuevo, como suelo hacer con bastante frecuencia. Seguro que le habría gustado una despedida tan hermosa como la que le dedicó el amor de su vida. Así que puede que al final no haya mal que por bien no venga, y que gracias a las nubes llegara a su ansiado destino.

EL VISIONARIO BILL HAMILTON (*DERECHA*)
El darwinista más destacado que he conocido.

Bill, ahora tu cuerpo descansa en el bosque
de Wytham,
pero desde aquí llegarás de nuevo a tu amada
pluviselva.
No solo vivirás en un escarabajo,
sino en miles de millones de esporas de hongos
y algas
que el viento elevará hasta la troposfera,
todo tu ser formará las nubes y, después
de vagar por los océanos,
caerás de nuevo y volverá a ascender,
una y otra vez,
hasta que finalmente una gota de lluvia
te llevará al agua
del bosque inundado del Amazonas.

12

LAS «ALAS» DE LAS PLANTAS

ME QUIERE, NO ME QUIERE

Cada semilla de diente de león es lo suficientemente pequeña para poder volar fácilmente, e incrementa su área superficial gracias a su propio pequeño paracaídas.

12
Las «alas» de las plantas

Salvo algunas excepciones como la venus atrapamoscas y la planta sensitiva *Mimosa pudica*, las plantas no tienen un equivalente a los músculos. No se pueden mover. Sin embargo, sí que tienen una fuerte necesidad (véase el capítulo 11) de propagar sus semillas y de intercambiar polen con otros miembros de sus especies. El principal medio a través del cual hacen ambas cosas es el aire. Aunque no se puede decir que las plantas vuelan por el aire, sí que hacen algo parecido y de varias formas indirectas. Por esa razón merecen tener un capítulo en este libro.

Las semillas de los cardos, las del diente de león y muchas otras se dispersan literalmente a los cuatro vientos. Utilizan algunos de los principios del vuelo de los que ya he hablado. Cada semilla de diente de león o de cardo es pequeña, y posee un pequeño paracaídas compuesto por plumas cuya enorme área superficial le permite flotar y recorrer grandes distancias. Las semillas de sicomoro son más voluminosas: nos topamos de nuevo con un compromiso. Las semillas diminutas y ligeras como las del diente de león carecen de los nutrientes que posibilitan a las semillas más grandes tener un buen comienzo en la vida. Los sicomoros han alcanzado un compromiso diferente.

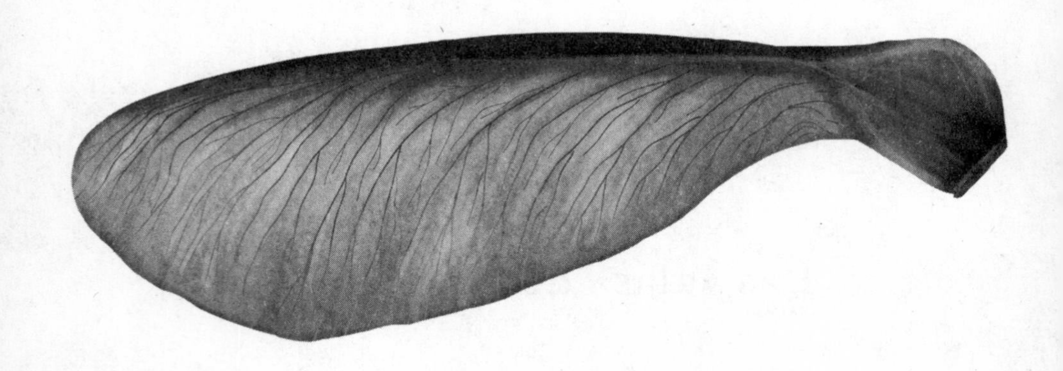

SEMILLA ALADA DE SICOMORO
Si no supiera que se trata de una semilla,
podría pensar que es el ala de un insecto.

Su semilla no es pequeña, por lo que no produce muchas: rodear una con alimento es costoso. También necesita un ala más grande que posibilite su transporte, aunque no hasta lugares muy lejanos. La verdad es que guarda un gran parecido con el ala de un insecto. Es evidente que esa «ala» no es movida por nadie. En lugar de eso, es transportada por el viento, y da vueltas sobre sí misma mientras desciende, como si fuera un pequeño helicóptero de juguete.

Las de sicomoro son solo un ejemplo de semillas que se comportan como helicópteros en miniatura. Pero puede que el ejemplo más espectacular de una semilla voladora sea la de *Alsomitra macrocarpa*, el pepino de Java. Su fruto es una calabaza de la que salen una serie de «planeadores» cuyo aspecto es espectacular. Cada planeador tiene dos alas tan delgadas como el papel, que se extienden a partir de una semilla central. Se elevan y caen en picado tan elegantemente como cualquier mariposa tropical. Las vainas de las semillas de otras plantas poseen una especie de resortes que las hacen explotar, lanzando las semillas a gran velocidad. Las semillas del alfilerillo de pastor, por ejemplo, perforan el

SEMILLAS DE PEPINO DE JAVA
Volando como mariposas por el bosque.

suelo enrollando y desenrollando alternativamente su «apéndice», una estructura tipo cinturón.

Muchas plantas se aprovechan de las alas de las aves (y las patas de los mamíferos) para transportar sus semillas a largas distancias. Los abrojos tienen pequeños ganchos que actúan como un velcro y que se agarran a la piel o a las plumas para ser transportados de esa manera y, finalmente, ser depositados en otro lugar. Aunque las frutas estén diseñadas para ser comidas, su objetivo no es dar placer a quienes se las coman. Las semillas están diseñadas para pasar a través del intestino y salir por el otro extremo, acompañadas de fertilizante. Pero a la planta no le es indiferente quién se va a comer sus frutas. Las aves, al tener alas, pueden portar las semillas mucho más lejos antes de depositarlas, lo que será bueno para la planta. Puede que esta sea la razón por la que las bayas de la belladona, por ejemplo, son mortales para la mayoría de los mamíferos, pero comestibles para las aves.

El polen también necesita dispersarse. ¿Por qué? Es importante para evitar la endogamia. Los científicos siguen debatiendo sobre los beneficios aportados por el sexo. ¿Por qué la mayoría de los animales y las plantas mezclan sus genes con los del género opuesto? ¿Por qué no hacen como las hembras de los áfidos y de los insectos palo: producir copias de sí mismas sin molestar a los varones y sin necesidad de aparearse? El lector puede pensar que la respuesta es obvia, pero le aseguro que no es así. Sea cual sea la razón, debe de ser muy poderosa, pues casi todos los animales y plantas se reproducen de forma sexual, a pesar de lo inmensamente costoso que resulta y de todo el tiempo que consume. Y si uno se aparea consigo mismo, ese objetivo se pierde, sea cual sea este. Esta es la razón por la que las plantas, incluidas las hermafroditas que poseen órganos femeninos y masculinos, hacen todo lo posible para conseguir que su polen se trasfiera a otra planta. Y lo consiguen a través del aire. Por eso, como ocurre con las semillas, el polen necesita volar.

La forma más sencilla que tiene el polen para volar es simplemente dejarse arrastrar por el viento. Los granos de polen son muy pequeños, por lo que, según lo explicado en el capítulo 4, flotan en la brisa. Pero este método es bastante derrochador. Un grano de polen arrastrado por el viento debe tener mucha suerte para encontrar el órgano femenino apropiado, el estigma de otra planta de la misma especie. La baja probabilidad de conseguirlo se compensa liberando millones de granos de polen que forman enormes nubes. Esto es lo que hacen muchas plantas y les funciona bastante bien.

Pero ¿existe una forma menos derrochadora de hacerlo? ¿Una solución diferente? Puede que al lector se le ocurra inmediatamente la siguiente idea. La planta podría desarrollar un pequeño vehículo volador para el polen, un carro con alas en miniatura que lo transportara. El carro debería tener el equivalente a unos órganos sensoriales para detectar otras plantas de la misma especie. Y también un equivalente de un pequeño cerebro y un sistema nervioso para controlar las alas y dirigir el carro volador de tal forma que transporte el polen hasta el objetivo correcto. Bien, no es una mala idea y podría funcionar. Pero ¿por qué molestarse? El aire ya está lleno de pequeños vehículos voladores. Abejas y mariposas, por ejemplo. Murciélagos. Colibríes. Todos ellos poseen alas plenamente funcionales impulsadas por músculos, controladas por cerebros y con órganos sensoriales capaces de localizar objetivos. Todo lo que necesita la planta es encontrar una forma de explotarlos. Atraer a los insectos para que recojan su polen y persuadirlos para que lleven la preciosa carga hasta su destino.

Puede que *explotar* no sea la palabra adecuada. ¿Por qué no establecer una asociación para que ambas partes se beneficien? Por ejemplo, pagar a los insectos por sus servicios con combustible para que puedan volar: néctar. Por supuesto, las plantas no se sientan con las abejas y negocian el trato: «Te daré néctar si transportas mi polen. Firma aquí». En cambio, la selección natural darwiniana favorece a las plantas que tienen una tendencia genética a producir néctar. Los genes para fabricar néctar pasan a la siguiente generación vía los granos de polen de la planta, portados por las abejas atraídas por el néctar. También quiero añadir que la fabricación del néctar resulta muy costosa. Las flores pagan caras sus alas alquiladas.

Los insectos recogen accidentalmente el polen que se pega a su cuerpo mientras chupan el néctar. A continuación, el polen roza los estigmas de otras plantas cuando los insectos las visitan para obtener más néctar. Por supuesto, no solo participan las abejas y las mariposas. A los colibríes también les encanta el néctar, y lo mismo ocurre con sus equivalentes del Viejo Mundo y de Asia, los suimangas y los arañeros. Los escarabajos y los murciélagos polinizan algunas plantas. Cualquier cosa con alas es susceptible de ser utilizada por las plantas.

¿Cómo encuentran el néctar las abejas, las mariposas, los colibríes y el resto de las criaturas? La selección natural favorece a las plantas que lo anuncian: «Ven y coge tu néctar». Las flores lo hacen en parte atrayéndolos con sus perfumes; olores que, en muchos casos, también nos resultan atractivos, como el de las rosas y los lirios. En otros casos, no tanto. Los olores diseñados para atraer a algunas clases de moscas huelen como a carne en descomposición.

Los murciélagos tienen alas y a algunos les gusta el néctar, por lo que no resulta sorprendente encontrar plantas que se han especializado en utilizar las alas de los murciélagos para que estos transporten su polen de noche. Pero, dado que los murciélagos utilizan el eco en lugar de los rayos de luz para encontrar las cosas, el equivalente de un anuncio llamativo tiene que llegar a los oídos en lugar de a los ojos. *Marcgravia evenia,* una planta trepadora de la pluviselva cubana, tiene hojas cuya forma recuerda a las de las antenas parabólicas. Estas parabólicas actúan como un poderoso faro para los ecos procedentes de muchas direcciones. Para un murciélago, que vive en un mundo de ecos, la hoja en forma de parabólica seguramente resplandece como un luminoso rótulo de neón.

Contamos con pruebas fascinantes que demuestran que las flores y las abejas generan campos eléctricos que interactúan entre sí y ayudan a guiar a las abejas hacia el objetivo cuando están cerca. Incluso hay algunas evidencias de que las fuerzas electrostáticas pegan el polen de los órganos masculinos de la flor al cuer-

SEGÚN LA LEYENDA,

NARCISO SE ENAMORÓ DE SU PROPIA IMAGEN

A saber qué hubiera pensado del aspecto que tienen los narcisos para los insectos, que son, después de todo, su público más deseado. Un narciso tal como lo vemos (01), bajo luz ultravioleta, cuando aparecen manchas invisibles para nosotros (02) y cubierto de polvo electrostático (03). Un insecto ve cualquier narciso como un destello, como un estroboscopio, en lugar de los cinco pétalos que vemos nosotros.

po de la abeja, y luego lo repelen para que entre en contacto con los órganos femeninos de la flor.

Pero es sobre todo a través de los ojos que las flores atraen a sus polinizadores. Los insectos tienen una buena visión cromática. Y lo mismo ocurre con las aves. Ambos pueden ver un color fuera del rango que nosotros podemos distinguir, el ultravioleta, y las flores aprovechan esa ventaja. Muchas flores poseen patrones de franjas o manchas que solo se pueden apreciar en ultravioleta. Los insectos no pueden ver el rojo, pero las aves sí: razón que explica por qué, si usted ve una flor silvestre de color rojo brillante, probablemente sospechará, y con razón, que su objetivo es atraer a las aves. Para las abejas y las moscas, un prado lleno de flores silvestres es lo mismo que para nosotros Piccadilly Circus o Times Square, con pétalos de colores brillantes a modo de anuncios de neón en el prado. Tanto los colores como los olores los han realzado los jardineros humanos, que han actuado como agentes de selección a modo de abejas gigantes.

Al utilizar las alas de abejas, mariposas y colibríes, las plantas pueden hacer llegar el polen a su objetivo deseado con más precisión que si se limitasen a lanzarlo al viento. Una abeja sale de una flor recubierta de polen y se dirige a otra flor. Pero puede ser que la segunda flor no sea de la misma especie. ¿Hay alguna forma de hacerlo mejor? ¿Podría hacer algo una flor para asegurarse de que su polen será transportado hasta otra flor de la misma especie? ¿Existe algún modo de reducir la «promiscuidad» entre los insectos y estimular la «fidelidad» hacia una flor? Sí. Las flores utilizan una serie de trucos escondidos bajo sus mangas tecnicolor. Dentro de una especie, la mayoría de las flores son del mismo color. Los insectos que han visitado una flor tienden a ir a otra del mismo color. De alguna manera, esto reduce la probabilidad de que el polen sea entregado a una flor de otra especie. Aunque solo hasta cierto punto. ¿Qué más se puede hacer?

Hay flores que guardan su néctar en el fondo de un tubo largo, por lo que solo los insectos que tengan una larga lengua podrán llegar hasta él. O solo los colibríes gracias a su largo pico. El colibrí picoespada de Sudamérica tiene un pico más largo que su propio cuerpo, un pico tan torpemente largo que con él apenas puede acicalarse, lo que debe de resultarle bastante incómodo. Puede que algo más que incómodo: tal como vimos en el capítulo 5, las aves se pasan una gran parte de su tiempo acicalándose las plumas, lo que sugiere que se trata de una actividad importante para su supervivencia. Un ave que no puede acicalar las plumas de sus alas podría tener problemas a la hora de volar. Sabido esto, la presión evolutiva que provocó el desarrollo de un pico tan largo en un colibrí debió de ser excepcionalmente fuerte. Este extraordinario picoespada parece haber coevolucionado a la vez que los tubos de néctar excepcionalmente largos de una flor concreta, la *Passiflora mixta.* Los pétalos rosas señalan la apertura del tubo, en el fondo del cual se halla el néctar, hasta el que solo puede llegar el picoespada gracias a la longitud de su pico. Las flores pueden confiar (ya sabe a qué me refiero) en que solo las visitará un picoespada y en que, después de eso, este irá a otra flor de la misma especie. El ave y la flor son socios fieles. El polen no se transportará a una flor de otra especie, así que no se desperdiciará.

Existe un hermoso paralelismo con el caso de una polilla. En 1862, mientras Charles Darwin estaba trabajando en su libro sobre las orquídeas, un tal señor Bateman le envió algunos especímenes, entre ellos una orquídea de Madagascar, *Angraecum sesquipedale. Sesquipedale* procede de una palabra en latín que significa «tan largo como un pie y medio».

Esta orquídea tiene un extraordinario tubo de néctar que puede llegar a ser igual de largo. En una carta a su amigo el botánico Joseph Hooker, Darwin dijo: «Cielo santo,

PASOS DRÁSTICOS PARA ASEGURARSE LA FIDELIDAD DEL POLINIZADOR
La *Passiflora mixta* guarda su néctar en el fondo de un tubo largo. Puede estar segura de que solo un colibrí picoespada podrá llegar hasta él y portará su polen hasta otra flor de la misma especie. Solo utiliza las alas de esta ave.

«CIELO SANTO, ¿QUÉ INSECTO PODRÁ CHUPARLO?»
La respuesta (aunque Darwin murió demasiado pronto para conocerla) resultó ser *Xanthopan morganii praedicta.*

¿qué insecto podrá chuparlo?». Luego predijo que en algún lugar de Madagascar debería de existir una polilla cuya lengua fuera lo suficientemente larga para llegar al fondo del tubo de néctar de esa orquídea. Darwin murió en 1882.

Veinticinco años después, un entomólogo de Madagascar descubrió una subespecie local de la polilla africana *Xanthopan morganii.* La lengua de esta polilla puede llegar a los 30 centímetros de longitud (más o menos un pie), lo que venía a ser una corroboración de la predicción de Darwin y justificaba el nombre que se le dio a la subespecie, *praedicta.*

Algunas flores, especialmente las orquídeas, hacen esfuerzos extraordinarios para seducir a los insectos a fin de que estos las polinicen. Y sí, he dicho seducir. La orquídea abeja parece una abeja, y las diferentes especies de estas orquídeas se parecen a diferentes especies de abejas. Las abejas macho son engañadas para que se intenten aparear con la flor. En el curso de sus torpes intentos, el polen se pega a la abeja y vuela a la siguiente orquídea, con la que volverá a intentar aparearse. El engaño de la orquídea no es solo visual. Algunas de ellas también imitan las feromonas, sustancias químicas de fuerte olor con las que las hembras de los insectos atraen a los machos para que se apareen con ellas. Otras orquídeas imitan a moscas; y otras, a avispas de diversos tipos. Las orquídeas que imitan a insectos no fabrican néctar. A diferencia de otras flores que «pagan» a sus polinizadores, estas seductoras de insectos los engañan, por lo que obtienen sus servicios de forma gratuita.

Si dispersar polen al viento es costoso porque la mayor parte nunca llega al destino deseado, las orquídeas de este capítulo representan el extremo opuesto, la «bala mágica» de la polinización con un mínimo de gasto. Uno de los casos más extremos de «balas mágicas» son las orquídeas martillo, diez especies del género *Drakaea,* que viven en Australia Occidental. Cada una de las diez especies es polinizada por su propia especie de avispa, por lo que se pierde muy poco polen por haber sido depositado en la especie errónea de flor hembra o por otras causas. Cada flor tiene una especie de avispa hembra falsa en el extremo de un «brazo» con un «codo» articulado. También secretan una sustancia química que imita el seductor perfume de una avispa hembra de la especie preferida. Las hembras de estas especies de avispa no tienen alas. Lo habitual es que se arrastren hasta la parte superior de un tallo y esperen, atrayendo, mediante el olor, a que llegue un macho alado. El macho se apodera de la hembra y se la lleva entre sus patas, apareándose con ella en pleno vuelo. Un macho intenta hacer lo mismo con la hembra falsa de la orquídea. La agarra e intenta llevársela. Su aleteo frenético lo impulsa hacia arriba, pero sin la hembra falsa, que no se separa de la planta. En lugar de eso, el «codo» del «brazo» de la orquídea se dobla hacia arriba, tirando del macho y golpeándolo fuerte y repetidamente contra el polinio (las orquídeas guardan su polen en paquetes separados llamados «polinios»). Tras una serie de golpeteos, los polinios se aflojan y se adhieren a la espalda de la avispa macho. Finalmente esta deja de intentar despegar a la «hembra» y se va a probar suerte con otra (¿cuándo aprenderán?). El drama se repite. Una vez más, el macho es sacudido repetidamente y esta vez los polinios se separan de su espalda y se adhieren al estigma de esta segunda orquídea. La planta ha sido polinizada y la avispa no ha obtenido ningún beneficio por su sacrificio (pero puede que algo de dolor).

Otro caso extremo de bala mágica son las orquídeas del género *Coryanthes* (conocidas como «orquídeas balde») que pueden encontrarse en Sudamérica y Centroamérica. Puede que sea la flor más compleja de todas. Mediante evolución mutua, ha establecido una relación íntima con un grupo particular de abejas de color verde, pequeñas y brillantes, conocidas como «abejas de las orquídeas». Los machos de estas abejas utilizan una feromona (un perfume sexual muy concreto, un olor afrodisíaco) para atraer a las hembras. Pero no pueden producir la feromona por sí solas. En lugar de eso, la orquídea fabrica un material ceroso que las abejas necesitan para fabricarla y que almacenan en una especie de bolsas esponjosas en sus patas, y así pueden emplearlo

ORQUÍDEA MARTILLO, CON SU YUNQUE CARGADO DE POLEN
Un dispositivo increíble con el que se asegura que
el polen sea transportado al lugar que corresponde.
La avispa macho cree que ha encontrado a una hermosa
hembra, intenta apoderarse de ella para llevársela
entre las patas, y es lanzado contra
el polen varias veces.

después para atraer a las hembras. Cuando visita una orquídea para recoger esos materiales cerosos con los que fabricar el afrodisíaco, es muy fácil que la abeja caiga en el interior del «balde» de la flor, que contiene un líquido. La abeja nada intentando salir del balde y descubre que la única forma de hacerlo es a través de un túnel. Mientras lucha para salir a través de dicho túnel, se le pegan dos polinios en la espalda. Al final consigue liberarse y se va volando, llevándose adheridos los polinios. Sin haber aprendido la lección, entra en otra flor, vuelve a caer en el balde y de nuevo vuelve a escurrirse por el túnel. Esta vez la lucha provoca que se le separen los polinios de la espalda y fecunden a la segunda flor.

> Por cierto, es muy interesante el modo en que evolucionó todo este dispositivo: la fabricación por parte de la planta de un componente principal de la feromona de las abejas. Supongo que los antepasados de las abejas fabricaban su propia feromona y la planta fue encargándose de ese papel de forma gradual, paso a paso.

Pero mi candidato favorito para ser considerado la «bala mágica» definitiva es la relación íntima establecida entre los higos y las avispas de los higos. Les dediqué un capítulo entero de otro de mis libros, *Escalando el monte improbable*. Aquí me limitaré a decir que hay más de 900 especies de higos y casi cada una de ellas tiene su propia especie de avispa que la poliniza de manera exclusiva. Cada una tiene su propia bala mágica.

Resumamos. Las plantas utilizan alas para propagar su ADN, de la misma forma que los dueños de esas alas también las utilizan para propagar su propio ADN. Pero las alas de las plantas son alas prestadas; prestadas (o alquiladas) por insectos, aves o murciélagos. Si el lector se pregunta si existieron flores que eran polinizadas por pterosaurios, no está solo, yo también me lo pregunto. No sé cuál es la respuesta, pero es una pregunta que me gusta, y me gusta la imagen que me sugiere. No es que sea poco probable, porque las plantas con flor aparecieron durante el Cretácico, un período en el que todavía había un montón de pterosaurios rondando por ahí.

Estrictamente hablando, los hongos no son plantas. Son otra cosa, realmente son primos más cercanos a los animales que a las plantas. Pero no se desplazan como los animales, por lo que conviene imaginar que son plantas. Y dado que no se desplazan, al igual que las plantas, a veces les conviene alquilarles las alas a los insectos. En su caso no es para transportar semillas o polen, sino esporas. Hay setas que brillan en la oscuridad con un verde fantasmal. La luz atrae a los insectos que seguramente beneficiarán al hongo dispersando sus esporas.

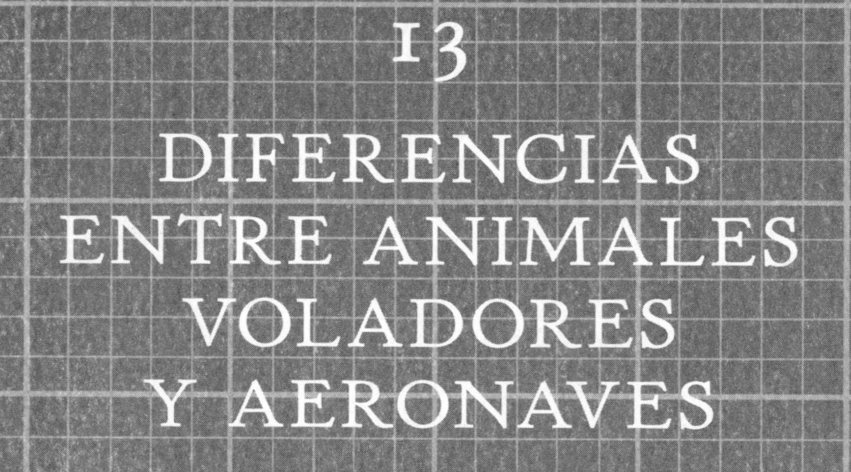

13 DIFERENCIAS ENTRE ANIMALES VOLADORES Y AERONAVES

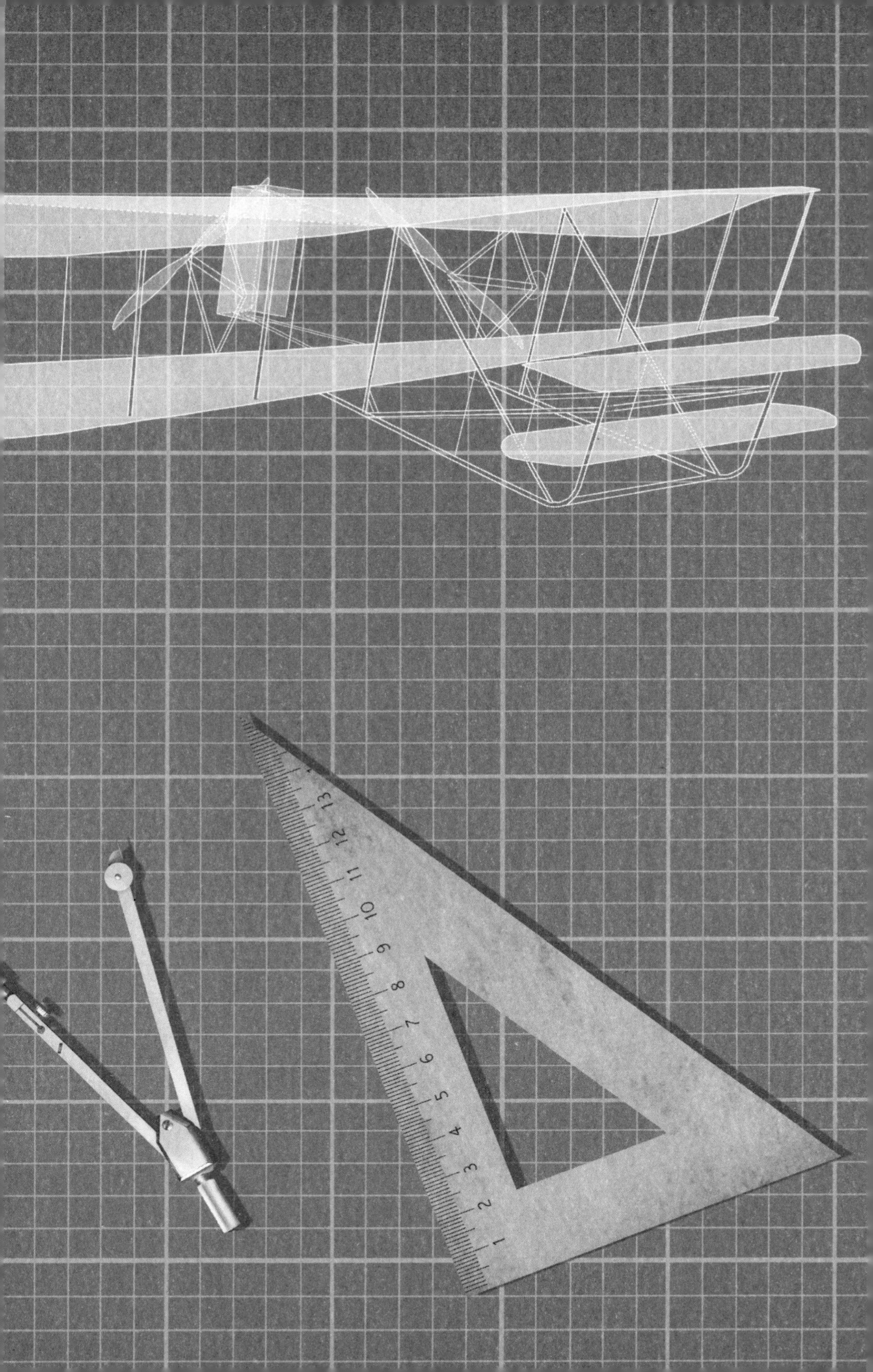

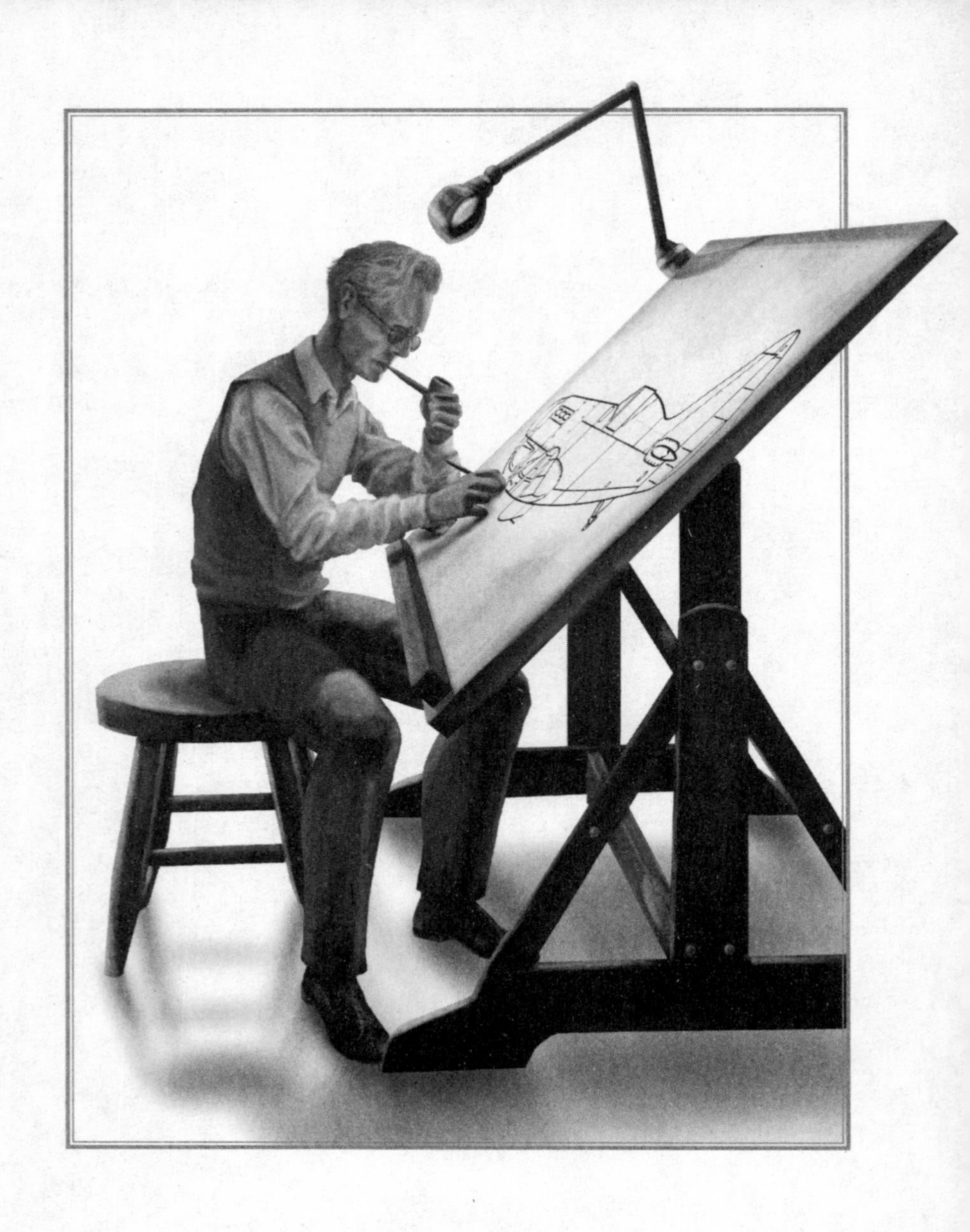

VOLVIENDO A LA MESA DE DIBUJO

Da la casualidad de que, siendo joven, el gran evolucionista John Maynard Smith fue diseñador de aeronaves antes de que se decidiera a regresar a la universidad para reciclarse como biólogo.

13
Diferencias entre animales voladores y aeronaves

En este libro hemos considerado una media docena de métodos para despegar del suelo y mantenerse en el aire. Es decir, métodos con los que desafiar la gravedad. En cada capítulo, siempre que ha sido posible, he comparado las máquinas voladoras diseñadas por el hombre con animales con un sistema de vuelo similar. Pero el proceso mediante el que se han convertido en buenos voladores es radicalmente diferente en los dos casos. Para poder volar, los animales han necesitado millones de años de mejoras lentas y graduales, gracias a las cuales han mejorado un poco con cada generación. Los humanos han construido máquinas voladoras cada vez mejores gracias a la realización de sucesivos diseños, y esas mejoras han tenido lugar en una escala de tiempo de años y décadas, en lugar de millones de años. A menudo, los resultados finales son parecidos (y no es algo sorprendente, porque los problemas que había que resolver son los mismos: la misma física). Son tan parecidos que puede que haya dado la falsa impresión de que surgieron de la misma forma. Es hora de corregir el error.

Cuando nos enfrentamos a un problema, por ejemplo cómo evitar que una máquina voladora entre en pérdida, es conveniente pensar: «¿Cómo podría afrontar el problema?». En el caso de los aviones fabricados por el hombre, los ingenieros piensan de esa forma. Se percatan de la existencia de un problema, e imaginan posibles soluciones, por ejemplo, los *slats.* Esbozan sus ideas en mesas de dibujo, puede que realicen reuniones en equipo para aportar ideas ante una pizarra o un ordenador con un buen software para gráficos y, seguramente, construyen prototipos o modelos a escala que prueban en un túnel de viento. Y, cuando lo han solucionado, se empieza a construir el modelo definitivo. Todo el proceso de investigación y desarrollo (I+D) suele durar unos pocos años, o incluso menos.

En el caso de los animales, el proceso es diferente y mucho más lento. La I+D, si se puede llamar así, dura muchas generaciones repartidas durante millones de años. No se piensa en ello, no hay ideas inteligentes, ni ingenio deliberado, ni inventiva creativa. No hay mesas de dibujo, ni reunión de ingenieros, ni túneles de viento en los que probar los prototipos o los modelos a escala reducida. Todo lo que ocurre es que algunos individuos de la población, por azar genético (mutación y mezcla sexual de genes), son un poco mejores que la media a la hora de, por ejemplo, volar. Puede que un gen mutante le otorgue a un halcón una ligera ventaja en velocidad. Los halcones que porten ese gen tendrán una probabilidad un poco mayor de atrapar presas. O puede que un estornino mutante pueda maniobrar algo mejor que sus rivales en la bandada, lo que marca la diferencia entre esquivar a un depredador o ser comido por él. Cuando un estornino es comido porque poseía un «gen para volar lento», el gen también es devorado y no pasa a la siguiente generación. O puede que otro gen haga que su portador tenga menos probabilidades de entrar en pérdida por una sutil diferencia en la forma del ala. Por esa razón, tendrán más probabilidades de sobrevivir y de reproducirse, pasando a la siguiente generación los genes que han hecho que sea un volador ligeramente mejor que sus contemporáneos. Lenta, muy lentamente y de forma gradual, generación a generación, los genes para volar bien son cada vez más numerosos en la población. Los genes que hacen que su portador vuele mal son cada vez menos numerosos, ya que los animales que los poseen tienen más probabilidades de morir o de no poder reproducirse.

Lo mismo ocurre continuamente con muchos genes diferentes en la población, cada uno de los cuales influye de una forma determinada en la capacidad para volar. Por lo tanto, después de muchas generaciones, tras millones de años durante los cuales se acumulan genes para volar bien en la población, ¿qué es lo que vemos? Una población compuesta por muy buenos voladores. Buenos en toda clase de detalles sutiles, incluidas estrategias para evitar entrar en pérdida; control nervioso preciso de los músculos que ajustan la forma del ala a cada pequeño cambio del viento, incluidos los remolinos y las corrientes ascendentes; músculos de las alas más eficientes y que se agotan un poco menos. Las alas y las colas han evolucionado hasta tener la forma y el tamaño correctos en cada uno de sus detalles, de la misma forma que un ingeniero humano ha perfeccionado el diseño sobre una mesa de dibujo y probado el prototipo en un túnel de viento.

Los productos finales tanto del diseño humano como del diseño evolutivo son tan buenos, ambos vuelan tan bien, que solemos olvidar lo diferentes que son los dos procesos de mejora. Este olvido queda patente en el lenguaje que utilizamos. Se habrá dado cuenta de que, a lo largo de este libro, he utilizado una clase de lenguaje simplificado. He escrito como si las aves y los murciélagos, los pterosaurios y los insectos se pusieran a resolver los problemas asociados al vuelo de la misma manera que los ingenieros humanos: como si fueran las propias aves las que resolvieran los problemas en lugar de la selección natural darwiniana. El lenguaje simplificado es oportuno entre otras cosas porque es corto: son necesarias menos palabras de las que harían falta si tuviera que explicar cada vez cómo funciona la selección natural. Pero también lo es porque usted y yo somos humanos y sabemos, como humanos, lo que es enfrentarse a un problema y lo que es imaginar soluciones para resolverlo.

Resulta tentador sugerir que las similitudes entre la evolución y el diseño humano van más allá. Podríamos sospechar que las ideas innovadoras de los ingenieros, por ejemplo un dispositivo para evitar entrar en pérdida, son una clase de mutaciones. Estas «mutaciones de ideas» se ven sometidas a algo parecido a la selección natural. Una idea puede morir inmediatamente, cuando su inventor se da cuenta enseguida de que no va a funcionar. O puede morir ya siendo un prototipo, al fallar en una prueba preliminar, o puede que en una simulación por ordenador o en un túnel de viento, razones por las cuales será descartada. Fracasar en un túnel de viento es relativamente inofensivo: el fallo no implica ninguna muerte. La selección natural de los voladores animales es mucho más cruel: fracasar implica morir. No tiene por qué ser necesariamente un accidente mortal, pero puede que el diseño defectuoso sea más lento a la hora de escapar de un depredador. O que sea menos hábil a la hora de atrapar una presa al vuelo, lo que incrementa las probabilidades de morir de hambre. La evolución no ofrece una alternativa menos drástica que la muerte, como los ensayos en un túnel de viento. Un fracaso tiene consecuencias: morir o al menos no poder reproducirse.

En realidad, pensándolo bien, acabo de recordar que las aves jóvenes de muchas especies practican sus habilidades relacionadas con el vuelo, algo que podemos entender como una clase de juego, antes de lanzarse finalmente al aire en serio. Puede que sea el equivalente aviar de los ensayos en los túneles de viento: ensayo y error sin consecuencias fatales, no solo para fortalecer los músculos de las alas, sino, posiblemente, también para mejorar la coordinación y las habilidades de la joven ave. Se puede ver a muchos individuos jóvenes de muchas especies de aves llevar a cabo lo que parecen prácticas preparatorias para el vuelo: saltar sin descanso arriba y abajo mientras agitan las alas, ejercitando los músculos del vuelo y es probable que perfeccionando sus habilidades al mismo tiempo.

Existe otra diferencia entre el diseño evolutivo y el diseño de la ingeniería (bueno, puede que sea otro aspecto de la misma diferencia, veamos qué opina usted). Cuando los ingenieros piensan en un nuevo diseño, se les permite empezar de cero. A sir Frank Whittle (uno de los muchos hombres a quienes se les ha atribuido la invención del motor de reacción) no se le obligó a coger un motor de hélice y modificarlo en pequeños pasos, tornillo a tornillo, remache a remache. Imagine lo desastroso que habría sido el primer motor a reacción si Whittle hubiera tenido que ir modificando, paso a paso, un motor de hélice. Pero no, empezó de cero con una idea completamente nueva y una hoja en blanco en su mesa de dibujo.

La evolución no funciona así. La evolución está condenada a modificar los diseños previos pasito a pasito. Y cada uno de esos pasos tiene que sobrevivir al menos el tiempo suficiente como para poder reproducirse.

LA PRÁCTICA HACE AL MAESTRO (*PÁGINAS SIGUIENTES*). Una pareja de búhos nivales observa (la madre es más grande que el padre) a sus crías practicar el vuelo.

Por otro lado, esto no significa que la evolución siempre retoca un órgano predecesor que casualmente tenía el mismo propósito. Siguiendo con nuestra analogía, podría ser que el equivalente evolutivo de Frank Whittle no tuviera que modificar el motor de hélice pasito a pasito. Puede que tuviera que modificar alguna otra parte de un avión existente, tal vez una protuberancia de un ala. Pero la evolución no puede volver al punto de partida con una mesa de dibujo completamente limpia como sí puede hacer un ingeniero humano. Tiene que empezar con alguna parte de un animal existente y vivo. Y todas las subsiguientes etapas intermedias también tienen que ser animales vivos que sobreviven al menos el tiempo suficiente para reproducirse. Como ejemplo, pronto veremos que las alas de los insectos pudieron empezar como paneles solares modificados para aprovechar los rayos del sol, en lugar de como alas rudimentarias.

Hay dos hipótesis diferentes que explican cómo aparecieron las innovaciones tecnológicas. Y esto me recuerda que también existen dos formas diferentes de entender la teoría evolutiva moderna. En cuanto a las innovaciones humanas, tenemos la «teoría del genio solitario». Y luego está la teoría de la «evolución gradual», que es la preferida por mi amigo Matt Ridley en su libro *Claves de la innovación.* Según la teoría del genio solitario, nadie tenía la más mínima idea sobre la propulsión a chorro hasta que sir Frank Whittle entró en escena. Pero ¿se ha dado cuenta de que he tenido mucho cuidado de decir que era uno de los muchos hombres a los que se les atribuye la invención? Whittle patentó la idea en 1930, y puso en marcha el primer motor (aunque no en un avión) en 1937. El ingeniero alemán Hans von Ohain presentó una patente en 1936 y el primer avión a reacción que realizó un vuelo real fue el Heinkel He 178 con un motor Ohain. Eso ocurría en 1939, dos años antes de que despegara un avión Gloster E38/39 con un motor Whittle. Cuando se conocieron, después de la guerra, Ohain le comentó a Whittle que «si su Gobierno lo hubiera apoyado antes, la batalla de Inglaterra nunca habría ocurrido». No está del todo claro si Ohain sabía algo de la patente de Whittle. En cualquier caso, existía una patente previa de 1921 de un ingeniero francés, Maxime Guillaume (de la que sí tenía constancia Whittle). Pero el asunto que quiero destacar es que ninguno de ellos, ni Whittle, ni Ohain ni siquiera Guillaume fueron los primeros que lo pensaron. La teoría del genio solitario es errónea. Existe una larga historia de inventos más o menos parecidos al motor de reacción. En la China del siglo x se empleaban cohetes como armas. En el Imperio otomano, en 1633, un hombre incluso utilizó un cohete para volar... durante un corto espacio de tiempo. Existen relatos en los que se cuenta que Lagâri Hasan Çelebi se aferró a un cohete de «siete alas» impulsado con pólvora, y fue disparado desde el palacio de Topkapi atravesando el Bósforo. En algún momento de su vuelo, se soltó y cayó al mar. Nadó hasta la orilla, donde el sultán le recompensó con oro por su atrevida hazaña.

Ridley nos muestra un ejemplo tras otro (la máquina de vapor, la turbina, la vacunación, los antibióticos, el inodoro, la bombilla eléctrica, el ordenador) y desmonta en cada uno de esos casos la teoría del genio solitario. Si pregunta a los estadounidenses quién inventó la bombilla eléctrica, le responderán que fue Thomas Edison. Puede que la respuesta de los británicos sea Joseph Swan. Ridley señala que al menos veintiuna personas de distintos continentes podrían afirmar que fueron los inventores de la bombilla eléctrica. Edison merece el crédito de haber desarrollado un producto que realmente se podía vender. Pero, en lugar de haber sido inventada por un genio individual, la bombilla eléctrica evolucionó (es evidente que no genéticamente, sino de una mente a otra). Se fue perfeccionando gradualmente, paso a paso. Y, por supuesto, la evolución no se detuvo. El diseño ha ido mejorando año tras año desde la época de Edison y ahora tenemos bombillas LED, superiores en todos los sentidos. La tecnología evoluciona paso a paso; puede que el ejemplo más drástico de todos sea el de los ordenadores, que evolucionan tan rápidamente que el modelo mejor (y más barato) del año que viene aparece antes de que el modelo de este año esté desfasado.

¿Quién inventó el avión? Los hermanos Wright. Bueno, sí, puede que fueran los primeros que lograron elevar a un piloto humano utilizando la propulsión. Pero hacía mucho tiempo que existían planeadores. Los Wright sabían mucho del tema, ya que experimentaron con ellos durante un largo período. Podríamos decir que cogieron un planeador, fueron modificándolo durante mucho tiempo, luego le añadieron un propulsor y un motor de combustión interna, y despegaron con él. Pero ese resumen oculta una gran cantidad de retoques expertos y pacientes. Construyeron un túnel de viento que les fue de gran ayuda para perfeccionar los detalles. El primer vuelo auténtico fue llevado a cabo por Orville Wright el 17 de diciembre de 1903. Duró solo 12 segundos y recorrió únicamente 37 metros a unos 11 kilómetros por hora. Esto no le quita mérito, ni a él ni a su hermano. Fue una auténtica hazaña (y fueron bastante despreciados en su momento por esnobs escépticos que no creían que lo habían logrado). Pero la teoría del genio solitario tampoco encaja en este caso. Los aviones evolucionaron gradualmente, se basaron en planeadores existentes y después en los primeros biplanos hasta llegar a los elegantes, gráciles y veloces aviones de pasajeros de hoy en día.

Algunas páginas atrás hablé de un halcón y un estornino mutantes, y dije que sobrevivían mejor porque eran mejores voladores. Pero esto sugiere que la mejora tuvo que esperar hasta que apareció la mutación apropiada: algo así como esperar a que apareciera el «genio solitario» adecuado. Pero no es así como funciona la evolución, al igual que las innovaciones humanas no suelen esperar a que aparezca un genio solitario. Es cierto que, en evolución, la mutación es la fuente definitiva de nuevas «ideas». Pero la reproducción sexual las reorganiza, junto con otros genes, en un montón de nuevas combinaciones diferentes que luego pasarán por el tamiz de la selección natural. Los genes, como las ideas de los ingenieros, se mezclan y recombinan antes de ser puestos a prueba. No es tan sencillo como esperar a que aparezca una mutación idónea (o un genio solitario).

LOS HERMANOS WRIGHT (*PÁGINAS SIGUIENTES*).
El primer vuelo propulsado. Fíjese en la deformación de las alas, que fue la forma ingeniosa con la que los Wright controlaron las superficies de vuelo. En los aviones modernos este efecto se consigue de manera diferente, pero se podría decir que las aves sí que utilizan algo parecido.

14

¿PARA QUÉ SIRVE MEDIA ALA?

DRAGÓN VOLADOR DEL BOSQUE

El esqueleto vertebrado permite que se endurezca la superficie de deslizamiento de diversas formas. Las costillas del «lagarto volador» se extienden dentro de una membrana de piel. Está a punto de aterrizar sobre el tronco de un árbol lejano.

14
¿Para qué sirve media ala?

Todavía hay personas que no creen en la evolución, a pesar de la apabullante cantidad de pruebas a su favor. Quieren creer que las alas de las aves y de los murciélagos, al igual que las de los aviones, son producto de un diseño creativo deliberado: fueron diseñadas por alguna clase de ingeniero sobrenatural. Son los creacionistas. No los encontrará en las universidades serias. Pero hay muchos en círculos caracterizados por una educación de menor calidad.

Uno de los argumentos favoritos de los creacionistas utiliza lo que he expuesto en el capítulo anterior: la evolución tiene que funcionar mediante cambios graduales, paso a paso, retocando lo que ya existe en lugar de producir la mejor solución al problema. Y en el caso de las alas, a los creacionistas les gusta plantear la pregunta con la que he titulado este capítulo: ¿«Para qué sirve media ala?». Sí, dicen, un ala completa y funcional está muy bien. Pero un animal alado tuvo que evolucionar a partir de un animal áptero. ¿Para qué servirían las etapas intermedias? Una décima parte de un ala, una cuarta parte, media ala, tres cuartos de ala… ¿Acaso un antepasado que tuviese solo media ala no se estrellaría contra el suelo, lo que le haría parecer tonto, ya que incluso podría llegar a matarse? En evolución, cada paso que conduce a la aparición de un ala funcional tiene que ser mejor que el anterior. Debe haber una rampa gradual de mejoras. Todos los animales intermedios con alas parciales tuvieron que sobrevivir. Y lo tuvieron que hacer mejor que los rivales que tuvieran alas parciales ligeramente menores. Seguramente, los creacionistas dirían que esos animales intermedios fracasaron, y no dudarían en negar la existencia de dicha rampa gradual de mejoras. «¿Para qué sirve media ala?»

¿Cómo pueden responder los científicos a este desafío? Actualmente resulta tremendamente fácil. Recuerde el capítulo sobre los paracaídas y el vuelo libre. Recuerde lo que expliqué de las ardillas voladoras y de sus equivalentes marsupiales australianos, los falangéridos voladores. Recuerde al colugo con su paracaídas de piel que se extiende entre sus cuatro extremidades y su cola. Los bosques del mundo, en especial los del sudeste asiático, albergan una gran cantidad de hermosos planeadores como estos. Los lagartos o dragones voladores (su nombre en latín, *Draco,* significa «dragón») poseen una membrana interdigital de piel como las ardillas voladoras. Pero no se extienden entre las extremidades. En lugar de eso, las costillas se abren en abanico lateralmente para soportar una delicada ala de piel a cada lado; recuerde que dije que la evolución explota lo que ya está ahí en lugar de empezar de cero. Los mismos bosques son el hogar de las serpientes «voladoras». No tienen nada parecido a un ala que se extienda entre sus costillas (y, como el resto de las serpientes, no tienen extremidades). Pero las costillas sobresalen lo suficiente para aplanar todo el cuerpo, creando cierta curvatura en su sección transversal, como el ala de un avión, lo que le proporciona un efecto paracaídas, puede que con ayuda del principio de Bernoulli.

Pueden planear unos 30 metros entre un árbol y otro. Una vez más, descienden lentamente, pero de forma controlada. Parece como si nadaran en el aire, utilizando el mismo movimiento ondulante que utilizan las serpientes en el suelo

RANA VOLADORA
La rana voladora extiende los dedos de sus extremidades y la membrana interdigital atrapa el aire.

o en el agua. Y luego están las ranas voladoras o planeadoras que viven en esos mismos bosques. Su membrana no se extiende entre sus extremidades o sus costillas, sino entre los dedos de sus cuatro patas. Ninguno de estos planeadores puede volar como lo hace un ave o un murciélago. Las superficies que dedican al vuelo no han evolucionado completamente hasta convertirse en alas. Se parecen más a paracaídas. Suavizan el descenso. ¿Cómo han evolucionado?

Todos esos animales «con paracaídas» viven en los bosques, en las partes más altas del dosel, donde el sol llega a las hojas que alimentan a toda la comunidad arbórea. Las ardillas corretean por esos altos prados aéreos, saltando ocasionalmente de rama en rama. La cola de la ardilla tiene varios usos. La mueven como una señal para las otras ardillas. También las ayuda a equilibrarse cuando corren y saltan en los árboles. Por lo que sé, puede que incluso la usen como paraguas para protegerse de la lluvia. También funciona como un parasol para las ardillas del desierto. Pero, como ya vimos en el capítulo 6, su superficie tupida atrapa el aire y las ayuda a saltar un poco más lejos de lo que podrían sin ella.

Pero ¿por qué es importante? Si una ardilla se queda corta cuando salta intentando llegar a una rama, puede caerse y lesionarse gravemente. Debe haber una distancia crítica a la que una ardilla ya no puede llegar sin la ayuda de la cola. Sea cual sea, una cola ligeramente tupida le permitirá saltar un poquito más lejos. Pero ¿cuánto es ese «poquito más»? Aunque tan solo sean unos pocos centímetros, pueden resultar suficientes para otorgar a los individuos que tengan esa cola más tupida una ligera ventaja. Y entonces, en algún lugar del dosel, habrá otra distancia crítica ligeramente mayor entre ramas a la que una ardilla con una cola un poco más tupida podrá llegar. Y así sucesivamente. Un bosque ofrece un rango completo de distancias entre ramas. Por lo tanto, sea cual sea la distancia hasta la que podrá saltar una ardilla con su cola actual, siempre habrá una distancia mayor que podría cubrir si tan solo tuviera una cola algo más tupida o algo más larga. Un individuo de la siguiente generación que posea una cola ligeramente mejorada tendrá menos probabilidades de caerse y más de sobrevivir y pasar a su descendencia los genes que fabrican colas mejores.

El lector ya sabrá, después de leer el capítulo 6, adónde quiero llegar. El quid de la cuestión es que existen distintos grados de tupidez. Para cualquier tamaño y grado de tupidez habrá una distancia de salto que está fuera de su alcance: un hueco entre ramas que podría saltar solo si se tuviera una cola un poquito más grande o más tupida. Y de esa manera, tenemos un gradiente regular de mejoras. Y este gradiente es lo que necesitamos para nuestro razonamiento evolutivo.

Una cola tupida no es lo mismo que un par de alas. Ni siquiera es un paracaídas como el de una ardilla voladora o un colugo. Pero sirve para ilustrar lo que quiero decir. Cualquier ardilla puede tener un pequeño exceso de piel en las axilas. Ese exceso de piel incrementará ligeramente el área superficial del animal sin añadir mucho peso, y funcionará como la cola tupida, pero de forma más eficaz, gracias a la cual la distancia a la que la ardilla podrá saltar sin caerse será mayor. El bosque contiene un rango continuo de distancias entre ramas. Cualquiera que sea la distancia máxima que pueda saltar una ardilla, siempre habrá dos ramas separadas una distancia ligeramente mayor que sí podrá saltar con éxito otra ardilla que tenga una superficie de colgajo de piel ligeramente mayor. Y así tenemos el inicio de otro gradiente continuo y suave de mejoras, que es todo lo que necesitamos para nuestro razonamiento evolutivo. El final de ese gradiente será una ardilla voladora, un falangérido volador o un colugo, con un patagio completamente formado.

¿«El final del gradiente»? ¿Por qué debería detenerse ahí? Las ardillas voladoras y los colugos mueven sus extremidades mientras van cayendo con su «paracaídas», y esto les permite dirigir su planeo. ¿No habría sido eso solo un pequeño paso más que les haría mover los brazos repetida y vigorosamente hasta que ese movimiento se convirtiera en un aleteo? Para empezar, el aleteo solo prolongaría ligeramente el planeo en sentido descendente. Pero, entonces, ¿no sería lógico que esa prolongación fuera indefinida? Gradualmente, etapa a etapa. ¿Podría ser que los murciélagos empezaran de esa forma?

Como ocurre en muchas ocasiones, no existen fósiles útiles que nos puedan contar

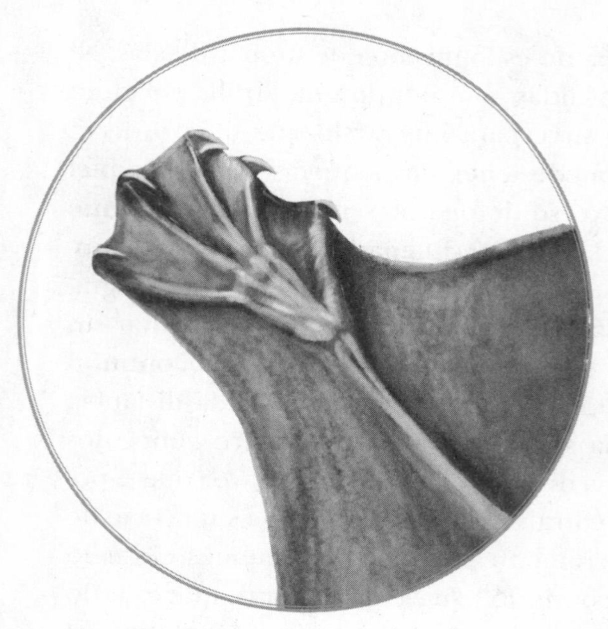

¿ES ASÍ COMO EMPEZARON LOS MURCIÉLAGOS? El colugo tiene dedos palmeados. Pero la membrana interdigital es una pequeña parte del enorme patagio. Para conseguir un murciélago a partir de un colugo simplemente hay que hacer que le crezcan los dedos.

cómo empezaron a volar los murciélagos, pero es fácil imaginarse la existencia de un gradiente verosímil. El patagio de un colugo se extiende principalmente entre los huesos de las extremidades y la cola. Pero también se extiende entre los dedos cortos. Las patas palmeadas son muy comunes en las aves y mamíferos acuáticos, por ejemplo patos y nutrias. Incluso algunos humanos nacen con una pequeña membrana entre los dedos. Ocurre debido a un hecho peculiar de la embriología, un fenómeno llamado «apoptosis» o «muerte celular programada». Al desarrollarse los embriones, incluidos los humanos, los dedos están inicialmente unidos por una membrana interdigital y son «esculpidos» como cuando se trabaja una escultura. Las células mueren de una forma cuidadosamente programada. La muerte celular programada es uno de los trucos utilizados para esculpir el embrión. Todos los mamíferos poseen dedos palmeados cuando están en el útero, antes de que las células de la membrana interdigital se desvanezcan. Excepto en las nutrias y en otras criaturas acuáticas que necesitan esas membranas para poder nadar. Y... los murciélagos, que las necesitan para volar. Y unos pocos humanos en los que, como dije, la apoptosis se quedó corta.

Los dedos de los colugos son cortos. Es fácil imaginar que a uno de sus antepasados le pudieron ir creciendo gra-

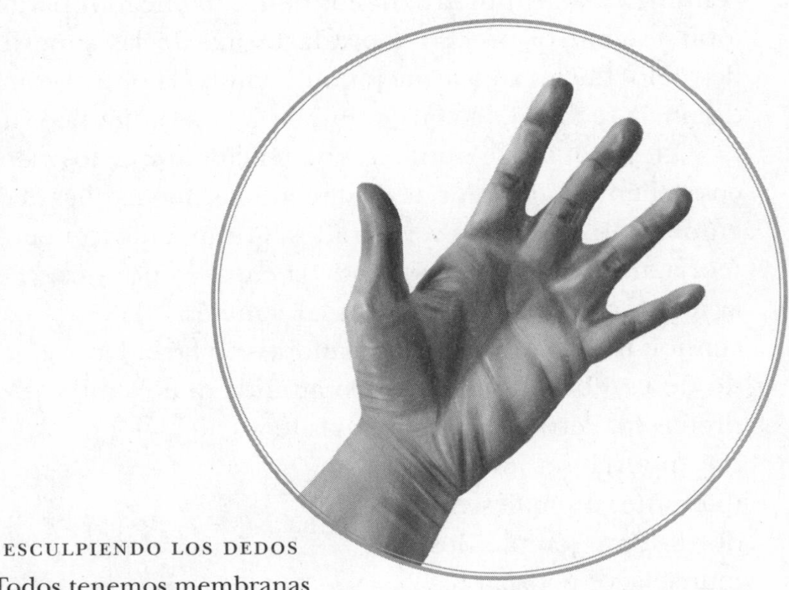

ESCULPIENDO LOS DEDOS

Todos tenemos membranas interdigitales entre nuestros dedos mientras estamos en el útero. Y algunas personas no las pierden del todo.

dualmente los dedos palmeados con el paso del tiempo evolutivo para acabar creando un murciélago. Los colugos son solitarios en el árbol genealógico, no están emparentados estrechamente con ningún otro mamífero. Sus parientes vivos más cercanos después de los primates son los murciélagos.

Incluso aunque no estuvieran emparentados con los murciélagos, mi argumento seguiría siendo bueno. Lejos de ser difícil, habría sido bastante fácil que, en los ancestros de los murciélagos, evolucionara un patagio y luego unas alas: tan solo tendría que abstenerse de poner en marcha la apoptosis y alargar los huesos de los dedos. Y la presión de selección que conduce a esa progresión es muy fácil de reconstruir: un incremento gradual, centímetro a centímetro, en la distancia de salto acompañada de un alargamiento, centímetro a centímetro, de los dedos palmeados para mejorar el control preciso sobre la forma de las superficies de vuelo. Luego aletear mejorando tanto el control como la distancia recorrida, lo que culminaría en el auténtico vuelo.

Llegados a este punto debo mencionar que los científicos defienden dos teorías rivales con las que explicar cómo empezaron a volar los vertebrados. Por un lado, tenemos la teoría arbórea, o «planeo desde la copa», y por otro la teoría cursorial o corredora, o también «de ascensión tras la carrera». Hasta ahora solo he hablado de la teoría arbórea. Debo admitir que es mi preferida. Pero cada una de esas teorías podría ser cierta para diferentes animales voladores. Por ejemplo, los murciélagos podrían haber evolucionado según la teoría arbórea y las aves según la cursorial. Así que pasemos ahora a la teoría cursorial que, de hecho, es la favorita para explicar el caso de las aves.

Las aves evolucionaron a partir de reptiles que ya tenían plumas y que corrían sobre sus patas traseras. Estos antepasados eran dinosaurios emparentados con el famoso y terrible *Tyrannosaurus.* Si se corre sobre dos patas se puede ser muy rápido, como nos demuestran los avestruces actuales. Cuando usted corre a toda velocidad sobre sus extremidades traseras, las delanteras no participan, a diferencia de las de los mamíferos galopantes. Pero puede que ayuden de otra forma. Los atletas mueven sus brazos vigorosamente hacia delante y hacia atrás mientras corren. Los avestruces, que son unos de los animales terrestres más veloces, utilizan sus «brazos» (o los podríamos llamar «alas gruesas», porque todavía son alas reconocibles, heredadas de sus antepasados voladores) para equilibrarse, sobre todo cuando giran.

Podría ser que los reptiles que corrían a gran velocidad sobre sus patas traseras lo hicieran de forma más eficiente si intercalaran saltos cuando corren. Como los peces voladores en el agua. Las alas, que evolucionaron originalmente para aislar del calor, podrían haber ayudado a realizar esos saltos de la misma forma en que las colas tupidas ayudan a las ardillas. Las alas ancladas sobre la cola y los brazos podrían haber prolongado los saltos de la misma manera que un patagio en desarrollo. Los brazos extendidos para mantener el equilibrio habrían resultado especialmente útiles, y se podrían haber convertido en alas rudimentarias que, aunque todavía no les permitían volar, sí que ayudaban a prolongar los saltos. El argumento es parecido al utilizado sobre el rango continuo de distancias entre las ramas de los árboles. Por muy rápido que pueda saltar un reptil sin plumas en los brazos, con ellas podría saltar solo un poquito más. Ni los pavos reales, como vimos con anterioridad, ni los faisanes son grandes voladores. Suelen aterrizar poco después de despegar: los vuelos de los pavos reales son poco más que saltos prolongados, lo que les sirve para huir del peligro, como cuando un pez volador sale temporalmente del agua para escapar de un atún que lo persigue. Con el paso de las generaciones se habría producido un incremento continuo de la longitud de los saltos de huida gracias a que el área superficial de los brazos con plumas era cada vez mayor, lo que culminaría con los vuelos verdaderos con una duración indefinida.

Pasando de la presa al depredador, tenemos la teoría del «depredador que se abalanza». Según esta teoría, una clase de dinosaurio con plumas se especializó en tender emboscadas a las presas. Acechaba desde un lugar privilegiado, tal vez sobre una ladera empinada, esperando que la presa pasase por ahí. Entonces se abalanzaba sobre ella. Los brazos y la cola cubiertos de plumas mantenían al depredador en el aire durante un corto espacio de tiempo, lo que significaba que se podía abalanzar desde una distancia mayor. Habría existido una rampa gradual de mejoras como la de las ardillas voladoras, pero en este caso lo que aumentaría constantemente sería la distancia desde la que se podía abalanzar sobre la presa.

Y la siguiente es otra variante de la teoría cursorial. Los insectos descubrieron el vuelo mucho antes que cualquier vertebrado, y los enjambres de insectos voladores habrían sido una rica fuente de alimento que esperaba ser explotada por los vertebrados. Puede que los reptiles más veloces saltaran al aire para atraparlos. Puede que chasquearan las mandíbulas como hacen los perros hoy en día. O que, como los gatos, utilizaran sus brazos extendiéndolos al máximo. Los gatos domésticos pueden saltar hasta dos metros en el aire y pueden atrapar aves voladoras entre las patas extendidas, además de insectos. Los grandes felinos como los leopardos hacen lo mismo y atrapan aves más grandes. ¿Podrían los reptiles ancestrales haber hecho algo parecido cuando iban tras los insectos voladores? Y ¿podrían haber sido útiles unas «alas» rudimentarias, aunque no sirvieran para volar?

Primero, echemos un vistazo a un famoso fósil, el *Archaeopteryx.* En muchos aspectos, era un paso intermedio entre las aves y los animales que normalmente consideramos reptiles. Tenía alas como las aves modernas, pero con dedos prominentes. A diferencia de las aves modernas, tenía dientes como los reptiles. Bueno, he dicho a diferencia de las aves modernas, pero… en *Dientes de gallina y dedos de caballo,* uno de sus maravillosos libros de historia natural, el difunto Stephen Jay Gould describe cómo unos ingeniosos embriólogos experimentales lograron que unos embriones de gallina desarrollaran dientes. En el laboratorio redescubrieron una habilidad ancestral perdida desde hacía millones de años. El *Archaeopteryx* también tenía, además de alas, una cola reptiliana ósea y larga, que servía como superficie de vuelo y como estabilizador.

Se ha sugerido que los antepasados del *Archaeopteryx* descubrieron que sus plumas (que originalmente habían evolucionado como aislantes del calor) eran útiles para atrapar insectos. Las plumas de los brazos se hicieron más largas, actuando como un tipo de red cazamariposas con la que atrapar insectos voladores. Y resultó que una red cazamariposas hecha de plumas aportaba el beneficio adicional de funcionar como una tosca superficie de vuelo. No se trataba de un auténtico vuelo, pero los brazos con plumas podrían haber ayudado al reptil saltador a alcanzar insectos

---

¿ES UN AVE? ¿ES UN REPTIL? ¡QUÉ MÁS DA! (*PÁGINAS SIGUIENTES*).

El *Archaeopteryx* es cercano al antepasado reptiliano de todas las aves y, por lo tanto, es un producto intermedio. Tenía dientes, dedos prominentes y una larga cola estabilizadora.

que volaran a mayor altura, además de ayudarlo a atraparlos. Una superficie de vuelo necesita una gran área y eso es lo que aporta la red cazamariposas. Cuando saltaba al aire para atrapar un insecto, la red cazamariposas actuaba como un ala tosca, aumentando la longitud del salto y la altura a la que llega el animal.

Cuando iba a atrapar un insecto, el movimiento de barrido del ala se habría parecido un poco al aleteo de un ala, y le podría haber proporcionado una elevación adicional. De forma gradual, los brazos fueron perdieron su función como «red cazamariposas», y fue reemplazada por la función de ala. Y, según esta teoría, surgió de esta forma el auténtico vuelo batido en las aves. Debo decir que la teoría de la «red cazamariposas» y el resto de las teorías cursoriales o corredoras son menos verosímiles que la arbórea, pero las he mencionado porque es la favorita de algunos biólogos.

Otra versión de la teoría cursorial es la de la «carrera por una pendiente». Los animales que viven en el suelo a menudo se escabullen trepando a los árboles, por ejemplo cuando han de escapar de los depredadores. El primer animal que nos viene a la mente es la ardilla, pero muchos otros también lo hacen, aunque de forma menos experta. No todos los troncos son verticales. Algunos restos de árboles muertos o grandes ramas que se han partido proporcionan una pendiente. De hecho, podemos encontrar un rango completo de ángulos, desde horizontales a verticales. Ahora, imagine intentar correr cuesta arriba por una pendiente de 45 grados. Te podrías ayudar aleteando con los brazos llenos de plumas. Todavía no son alas, no se han desarrollado lo suficiente para permitirte planear en el aire, pero, sin embargo, cuando aleteas sobre un tronco inclinado, te dará un poquito de elevación y estabilidad que marcarán la diferencia. Ahora, una vez más, nos encontramos con un gradiente de mejoras, literal y metafóricamente, un auténtico gradiente. Y, al mismo tiempo, cuando las protoalas ya habían evolucionado para superar una pendiente de 45 grados, también podían mejorar y superar, por ejemplo, los 50 grados. Y así sucesivamente. Todo eso puede parecer algo especulativo, pero se han realizado algunos notables experimentos con talégalos cabecirrojos.

> Por cierto, no es que sea importante, pero estas aves no son realmente pavos a pesar de que su nombre en inglés sea *Australian brush turkeys* (en inglés, *turkey* es «pavo»). Los llaman «pavos» porque, en Australia, es lo más parecido a un pavo americano. Son megápodos, aves que han desarrollado un extraordinario método para incubar sus huevos. No se sientan sobre ellos. En lugar de eso, construyen un montículo de tierra y vegetación que sirve de compostadora y entierran allí sus huevos. Las bacterias del compost generan calor, que sirve para incubarlos. Para ello necesitan una temperatura muy precisa. Cuando los padres se sientan sobre ellos, la temperatura es la adecuada: la temperatura corporal de los padres. Así que, ¿cómo regulan los megápodos la temperatura de su «compostadora»? Retirando material vegetal de la parte superior del montón de compost cuando está demasiado caliente y añadiendo más, como una especie de manta, cuando está demasiado frío. El pico ha evolucionado para convertirse en un termómetro y lo introducen en el montón de compost para medir la temperatura.

No he podido resistirme a incluir esta pequeña digresión sobre los megápodos y su compostadora. Me parece fascinante. Pero, en lo que respecta a este libro, lo que importa es que los polluelos de los megápodos son extremadamente capaces e independientes nada más salir del huevo. Tienen que serlo, ya que sus padres no están cerca para cuidarlos. Resulta sorprendente que incluso sean capaces de volar nada más nacer. Pero el vuelo no es su forma preferida de escapar de los depredadores. Lo que suelen hacer es correr en dirección ascendente por los troncos de los árboles. Y, al hacerlo, baten sus alas para superar la pendiente. Pueden incluso trepar por troncos verticales batiendo sus alas. Está claro que, dado que las alas batientes pueden ayudar a los polluelos megápodos a trepar por una superficie vertical, unas alas menos desarrolladas podrían haber ayudado a sus antepasados a trepar por pendientes menos pronunciadas. Y sus alas habrían sido efectivas solo si las batían (como hacen los polluelos de talégalos cabecirrojos actuales). Una vez más, tenemos un gradiente de mejoras (en este caso un gradiente de gradientes). Y los gradientes, por supuesto, son lo que necesitamos si queremos explicar «¿Para qué sirve media ala?». El hecho es que, en contra de lo que creen los creacionistas, no es tan difícil explicar de diversas formas cómo podría haber evolucionado de forma gradual la capacidad de volar, paso a paso. Un montón de ejemplos en los que tener media ala es mucho mejor que no tener ninguna.

Y ¿qué decir de los insectos, que descubrieron el vuelo cientos de millones de años antes que los vertebrados? ¿Cómo lo hicieron? La mayoría de los insectos actuales tienen alas; algunos, como las pulgas, las han perdido, aunque son descendientes de antepasados alados. Decimos que son «secundariamente ápteros». Como ya hemos visto, las hormigas y las termitas obreras no solo descienden de antepasados alados, sino también de progenitores alados, ya que tanto las reinas como los machos poseen alas. También existen algunos insectos ápteros primitivos, como los pececillos de plata y los colémbolos, cuyos antepasados nunca tuvieron alas.

Al igual que ocurre con todos los artrópodos (insectos, crustáceos, ciempiés, arañas, escorpiones, etcétera), los insectos poseen un plan corporal segmentado. La segmentación se ve más claramente en los ciempiés y los milpiés. Están construidos como un tren con un montón de vagones dispuestos en línea, todos ellos casi idénticos entre sí, y con patas en todos los segmentos. En otros artrópodos, por ejemplo las langostas y los insectos, la segmentación no es tan evidente: los diferentes segmentos (los «vagones») han evolucionado hasta ser muy diferentes unos de otros. En los trenes, los vagones a veces también son todos iguales, y en otras ocasiones comparten muy poco excepto ruedas similares y los mismos mecanismos de acoplamiento. Nosotros, los vertebrados, también estamos segmentados; la columna vertebral es una evidencia. Pero incluso nuestra cabeza está segmentada si nos fijamos en ella cuidadosamente, sobre todo en los embriones.

En los insectos, los primeros seis segmentos forman la cabeza, pero están apretujados, por lo que su disposición en forma de tren queda oculta, como ocurre en los mamíferos. Los siguientes tres segmentos componen el tórax, y el resto de los segmentos, el abdomen. Cada uno de los segmentos del tórax cuenta con un par de patas y en la mayoría de los insectos los dos últimos segmentos torácicos también tienen alas. Como ya hemos visto, las moscas (y sus parientes, por ejemplo los mosquitos y los jejenes) son un caso especial: solo tienen un par de alas, el segundo par se ha encogido durante la evolución para convertirse en una especie de «giroscopios», los halterios.

A diferencia de las alas de los vertebrados, las de los insectos no son extremidades modificadas. Son extensiones de la pared torácica. Las seis patas se pueden dedicar a caminar. Hay varias teorías sobre cómo se originaron sus alas. Muchos insectos voladores pasan por una etapa juvenil, de vida acuática, y luego se trasladan a vivir en el aire cuando son adultos. Algunas de estas etapas juveniles, las ninfas, poseen branquias para poder respirar bajo el agua. A diferencia de las branquias de los peces, pero, casualmente, igual que las branquias de los renacuajos, las de las ninfas son excrecencias plumosas. Algunos científicos creen que las alas de los insectos evolucionaron a partir de branquias modificadas. Otra teoría es que las ninfas acuáticas desarrollaron «velas» para desplazarse por la superficie del agua y que más tarde estas se convirtieron en alas.

Según una teoría que actualmente está de moda, una especie de pequeñas expansiones de los bordes del tórax servían como «paneles solares» para calentar el cuerpo, y no como superficies dedicadas al vuelo. Los autores de esta teoría realizaron experimentos con modelos de insectos, algunos en túneles de viento. Sus resultados sugieren que esos diminutos rebordes torácicos no son tan buenos para propósitos aerodinámicos como lo son para absorber los rayos del sol. Las protuberancias de mayor tamaño que funcionan como alas son mejores aerodinámicamente. En lo que respecta a las proyecciones planas del tórax, hay un umbral de tamaño a partir del cual su principal ventaja será su contribución al vuelo y no el calentamiento. Por lo tanto, si el primer objetivo de las protuberancias fue la absorción de la luz solar, los insectos solo tuvieron que crecer en tamaño, algo que es frecuente y fácil de lograr por muchas razones. Cuando las alas fueron más grandes, de repente fueron más útiles como superficies de vuelo. Desde ese momento, evolucionaron hasta convertirse en alas propiamente dichas.

Por lo tanto, según esta teoría, los pasos iniciales del gradiente evolutivo se produjeron porque calentaban al animal. Es obvio que debió de ser un gradiente continuo y suave: cuanto mayor era el área de la protuberancia, más rayos de sol absorbía. Y cuando se excedió el tamaño umbral, las protuberancias pasaron automáticamente a ser útiles, primero para planear y luego para el vuelo batido, para el que utilizaban músculos ya presentes en el tórax. Recuerde del capítulo 8 que los insectos baten las alas gracias a unos músculos que simplemente deforman el tórax. Seguramente, un buen panel para tomar el sol ha de ser delgado, como un ala. Un incremento gradual, paso a paso, del tamaño corporal, hizo que los rebordes torácicos superaran el umbral y automáticamente pasaron a ser más útiles como superficies de vuelo.

Sea cual sea la teoría por la que nos inclinemos de las muchas que hay, concluiremos que la pregunta «¿Para qué sirve media ala?» no nos supone ningún problema. En los insectos, como en los pterosaurios, los murciélagos y las aves, la evolución gradual, paso a paso, guiada por la selección natural se encarga de responderla.

NI SIQUIERA MEDIA ALA
La serpiente voladora del bosque muestra cómo consigue volar de un árbol a otro: simplemente aplanando el cuerpo para duplicar su anchura y «nadando» sinuosamente a través del aire.

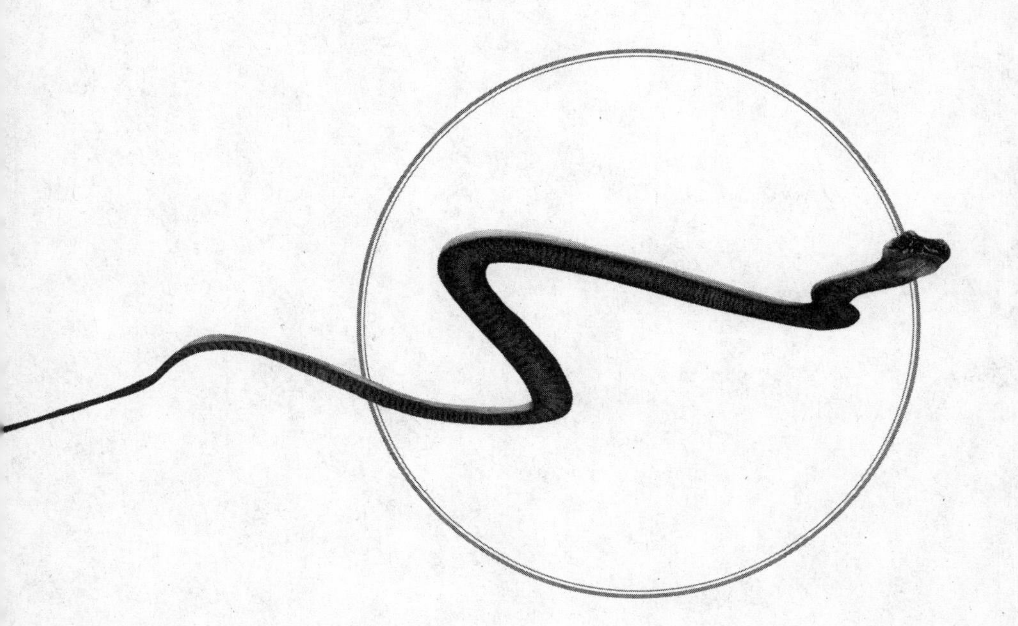

15 EL IMPULSO HACIA EL EXTERIOR: ALGO MÁS QUE VOLAR

UNA ESCENA DE MARTE

EN LA ÉPOCA EN LA QUE SE ESCRIBIÓ ESTE LIBRO

¿Habrá en el futuro una próspera colonia humana? No será fácil llamar a casa. Cada palabra tardará entre 3 y 22 minutos en llegar, dependiendo de las posiciones orbitales relativas.

15
El impulso hacia el exterior: algo más que volar

Empecé este libro preguntándole al lector si, como yo, había soñado alguna vez con volar como un ave. Pero ahora, para acabarlo, me pregunto si habrá soñado con que un día podría abandonar nuestro planeta natal y volar hasta Marte. O a una de las lunas de Júpiter o de Saturno. Cuando era joven, ese sueño era territorio de la ciencia ficción. Me gustaba un personaje de cómic llamado Dan Dare, piloto del futuro. Junto a su compañero de Lancashire, Digby, se subía despreocupadamente a su nave espacial, cogía la palanca de mando y se alejaba en dirección a Júpiter.

En la actualidad sabemos que no es tan sencillo. Se tardarían años en llegar allí. Es un proyecto inmenso y colaborativo en el que intervienen cientos de ingenieros y científicos que calculan las órbitas con mucha antelación y planifican un complicado calendario de maniobras de asistencia gravitatoria utilizando otros planetas que se hallan en el camino. Incluso para viajar a Marte se tardarían meses. Pero es una posibilidad real. Las naves espaciales no tripuladas ya lo han conseguido. Elon Musk no solo quiere enviar sus cohetes a Marte. Quiere establecer una colonia allí. Y tiene una buena razón.

¿Recuerda la teoría matemática de por qué los animales y las plantas han desarrollado una necesidad de enviar al menos a una parte de su descendencia lejos para probar suerte? ¿Incluso aunque los progenitores vivan en el mejor sitio posible? La razón fundamental, recordará, era que, tarde o temprano, una catástrofe como un incendio, una inundación o un terremoto golpeará ese lugar, por lo que el mejor lugar del mundo dejará de serlo y pasará a ser más bien lo contrario.

Bien, está claro que ahora la Tierra es el mejor lugar en el que vivir. Marte, en cambio, es un lugar terrible. Pero ¿se podría producir un día una catástrofe en la Tierra tan nefasta que la única forma en que podría sobrevivir la humanidad fuera creando una colonia de pioneros en otro lugar? ¿Qué clase de catástrofe? Hay varias posibilidades, incluidos los efectos a largo plazo del cambio climático, una pandemia letal y varias clases de guerras de alta tecnología, entre ellas la biológica, que se nos fueran de las manos. Añadiré una más que las representará a todas. He de reconocer que es la más improbable a corto plazo, pero hablaré de ella porque puede que sea en la que menos hemos pensado. Y, aunque es improbable que se produzca a corto plazo, no hay ninguna duda de que la sufriremos en el futuro. Y, cuando eso ocurra, será peor que la más oscura de las pesadillas. Si queremos evitarla, no nos bastará con dominar las distintas técnicas para volar que hemos tratado en este libro hasta ahora. Habrá que ir más allá.

Ya sabe lo que les ocurrió a los dinosaurios. Dominaron la tierra durante 175 millones de años. Para ellos, la Tierra era el planeta perfecto hasta que… del cielo azul, y sin advertencia alguna, un pedazo de roca del tamaño de una montaña se precipitó a 64.000 kilómetros por hora sobre lo que ahora es la península de Yucatán, en México. Los dinosaurios locales se vaporizaron instantáneamente debido al calor abrasador de más de 2.000 grados Celsius. Pero eso fue tan solo el principio. El impacto fue el equivalente a varios miles de millones de bombas atómicas como la de

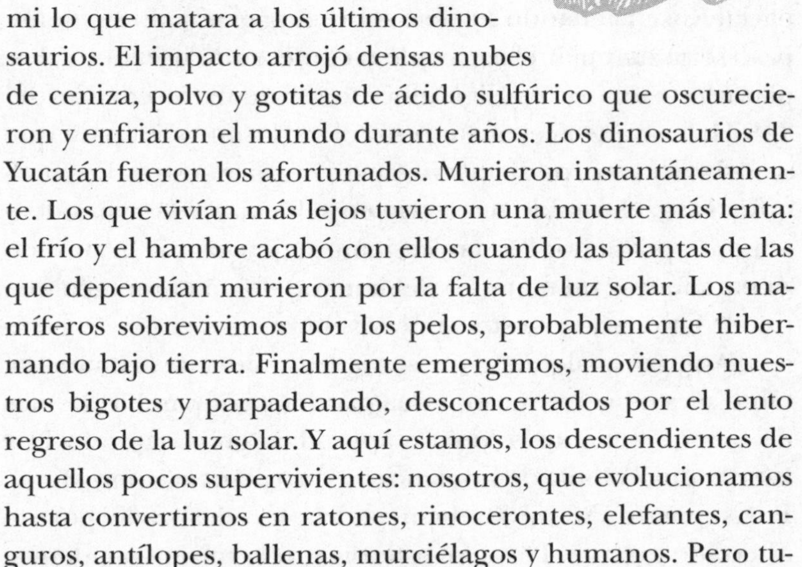

Hiroshima explotando simultáneamente en el mismo lugar. El mar hirvió, y un tsunami con olas que alcanzaron un kilómetro y medio de altura dio la vuelta al mundo. Pero, finalmente, es probable que no fueran ni el calor explosivo ni los incendios forestales ni el tsunami lo que matara a los últimos dinosaurios. El impacto arrojó densas nubes de ceniza, polvo y gotitas de ácido sulfúrico que oscurecieron y enfriaron el mundo durante años. Los dinosaurios de Yucatán fueron los afortunados. Murieron instantáneamente. Los que vivían más lejos tuvieron una muerte más lenta: el frío y el hambre acabó con ellos cuando las plantas de las que dependían murieron por la falta de luz solar. Los mamíferos sobrevivimos por los pelos, probablemente hibernando bajo tierra. Finalmente emergimos, moviendo nuestros bigotes y parpadeando, desconcertados por el lento regreso de la luz solar. Y aquí estamos, los descendientes de aquellos pocos supervivientes: nosotros, que evolucionamos hasta convertirnos en ratones, rinocerontes, elefantes, canguros, antílopes, ballenas, murciélagos y humanos. Pero tuvimos mucha suerte. Y puede que la próxima vez no sea así.

Porque volverá a pasar. Meteoros menores chocan a menudo contra la Tierra, y es solo cuestión de tiempo que nos golpee otro tan grande como el asesino de dinosaurios de hace 65 millones de años. O incluso mayor. Pero que no le quite el sueño. Aunque podría ocurrir en algún momento de nuestra vida, o incluso la semana que viene, es muy poco probable: 65 millones de años es mucho tiempo y podría volver a pasar un lapso igual de tiempo antes de que se produzca un impacto de esa magnitud. Sin embargo, algunas personas, incluso yo en mis momentos más pesimistas, piensan que es hora de que los humanos empecemos a prepararnos por si eso sucediera. Nadie más lo hará. Nuestro planeta depende de nosotros.

Una forma de prepararse es desarrollar una tecnología capaz de detectar, interceptar y desviar un proyectil que se aproxima, y cuya órbita elíptica alrededor del sol amenaza con cruzarse con nuestra órbita casi circular. No nos queda mucho para saber cómo hacerlo. Un paso importante en la dirección correcta fue la hazaña conseguida por la nave espacial Rosetta cuando se posó sobre un cometa. El siguiente paso sería empujar el asteroide o cometa amenazador y desplazarlo a una órbita ligeramente diferente alrededor del Sol. Habría que acelerarlo o decelerarlo un poco para que su órbita ya no pudiera cruzarse con la nuestra. En cualquier caso, el cambio necesario en velocidad es sorprendentemente pequeño. Pero necesitamos ejercer una gran fuerza para mover un meteoro del tamaño de una montaña que pueda amenazar nuestra supervivencia.

Aun así, cualquiera que sea la naturaleza de la amenaza, tanto si es un cometa como una pandemia imparable, hemos de tener en cuenta la lección aprendida en el capítulo 11 y fundar una colonia de humanos en otro planeta como Marte. Por supuesto, Marte también podría ser alcanzado por un asteroide gigante. Pero ese asteroide, o la misma pandemia, no podría golpear a ambos planetas, y seguramente habrá oído ese dicho de no poner todos los huevos en la misma cesta. Fundar una colonia en Marte sería una tarea inmensamente difícil (casi no hay ni agua ni oxígeno). No nos salvaría a todos. Pero nos podría salvar como especie. Quedaría al menos un recuerdo, un archivo de todo lo logrado durante los siglos pasados: la música, el arte y la arquitectura, la literatura, la ciencia. Y quedaría la posibilidad remota de, finalmente, recolonizar la Tierra y empezar de cero. Esa es, en todo caso, una de las razones para querer ir a Marte.

En el capítulo 11, cuando hablamos del impulso de los animales y plantas de enviar a parte de su descendencia lejos de la comodidad de su lugar de nacimiento para adentrarse en lo desconocido, ¿le suena a algo de la historia humana? ¿Un espíritu de aventura? ¿De imprudencia pionera? ¿Ha pensado en lo que impulsó a grandes exploradores como Cristóbal Colón, que navegó hacia el oeste, hacia América, sin tener muy claro por dónde iba? ¿O Fernando de Magallanes, cuya expedición navegó alrededor del mundo (aunque fue asesinado antes de llegar a casa)? A ellos los siguieron futuros colonos que huían, al menos en el caso de América, de la persecución, pero desconocedores de los peligros que los aguardaban.

Anteriormente, los vikingos, comandados por Erik el Rojo, sintieron un impulso parecido cuando viajaron hacia el desconocido oeste y se instalaron en Groenlandia. El hijo de Erik, Leif Erikson, fue más allá y llegó a Norteamérica quinientos años antes que Colón. Nadie sabe cuándo cruzaron el estrecho de Bering desde Asia los antepasados de los norteamericanos actuales, pero ¿quién puede negar rotundamente que lo que los impulsó fue el espíritu de aventura? Los aventureros intrépidos de la dinastía vikinga de Erik el Rojo pudieron haber inspirado a John Wyndham, el autor de ciencia ficción, cuando escribió un libro cuyo título he tomado prestado para este capítulo. Sus héroes eran siete generaciones de una familia que sentían el impulso de explorar lo desconocido, lo que los llevó cada vez más lejos en el espacio.

Escribo estos últimos párrafos en mi habitación del hotel en el que me alojo en la ciudad de Zúrich, donde me encuentro para asistir a una conferencia muy inspiradora: STARMUS, una reunión de científicos, músicos de rock y astronautas, cuyo objetivo es conmemorar los cincuenta años que han pasado desde que el ser humano pisó la Luna por primera vez. Muchos de los astronautas que han venido son veteranos del programa estadounidense Apolo. Algunos de ellos caminaron sobre la Luna. Todos ellos han contado elocuentemente cómo cambió su vida tras la experiencia de ir al espacio, caminar sobre la Luna, flotar en la ingravidez y ver la Tierra desde el exterior contra un cielo negro como el hollín. La mayoría de ellos eran pilotos de combate, quienes en general no se caracterizan por sentir una inclinación hacia a la poesía ni por mostrar normalmente sus emociones, y esto hace que su testimonio sea mucho más conmovedor. Los veo como herederos de los grandes marineros exploradores, los Erikson, Magallanes, Drake y Colón de los siglos pasados. O puede que como un referente más emocionante si cabe, los polinesios, quienes, a bordo de sus canoas, colonizaron isla tras isla del Pacífico, llegando incluso a la remota isla de Pascua; un viaje que debió de ser para ellos como para nosotros llegar hasta la Luna.

Pero, dado que soy biólogo evolutivo, no puedo dejar de pensar en el pasado más profundo. En nuestros antepasados que, mil siglos atrás, salieron de África y colonizaron Asia, Europa, Australia y, a través del estrecho de Bering, se convirtieron en los primeros auténticos americanos. ¿También se sintieron empujados por el mismo impulso? ¿O simplemente erraban, generación tras generación, sin imaginar jamás que formaban parte de un enorme e histórico éxodo?

O, retomando la escala de tiempo de millones de siglos, ¿fue el mismo impulso hacia el exterior que condujo a los primeros peces a aventurarse sobre la tierra? ¿Fue un pez de aletas lobuladas inusualmente aventurero y emprendedor? ¿O fue tan solo un accidente fortuito? ¿Y qué decir

del primer reptil que se lanzó al aire? El primer dinosaurio con plumas cuyas ganas de saltar provocaron el nacimiento de la gran familia de aves. ¿Fue un único individuo brillante y pionero? ¿O fue pura casualidad? Siento una gran curiosidad por saberlo.

Volviendo a la conferencia de Zúrich, la otra mitad de los conferenciantes son científicos, incluidos varios ganadores

¿CÓMO PUDIERON DESCUBRIR LA ISLA DE PASCUA? ¿Sigue vivo el espíritu aventurero de los viajeros de la Polinesia en el «impulso hacia el exterior» que empuja a nuestra especie a colonizar Marte y, tal vez, en un día distante, llegar a las estrellas?

del Nobel, los homólogos pensantes de los astronautas que dan esos primeros pasos físicos tentativos hacia lo desconocido. La liberación de la tiranía de la gravedad iniciada con los insectos, las aves, los murciélagos y los pterosaurios, y que continuó con los aeronautas y los aviadores de nuestra especie, ha culminado, literalmente, con la ingravidez de los astronautas y, simbólicamente, con la imaginación exploradora de los científicos.

> *Desde mi cama, gracias a la luz*
> *de la luna o de las estrellas favorables, pude contemplar*
> *la antecapilla donde estaba la estatua*
> *de Newton con su prisma y su rostro silencioso,*
> *el índice de mármol de una mente que siempre*
> *viaja a través de los extraños mares del pensamiento, solo.*
>
> William Wordsworth,
> *El preludio* (1799)

Puede que las líneas de Wordsworth sobre Isaac Newton sean más apropiadas para Stephen Hawking, quien, a pesar de no poder moverse, viajó por los extraños mares del pensamiento, solo, detrás de su rostro siempre silencioso. Creo que fue muy apropiado que en la conferencia de Zúrich la Medalla Stephen Hawking fuera concedida al ingeniero visionario y profeta del «impulso hacia el exterior» a quien va dedicado este libro.

Para mí, la ciencia es un viaje épico hacia lo desconocido: ya sea una migración literal a otro mundo, o un vuelo de la mente, que se eleva de forma abstracta a través de extraños espacios matemáticos. Puede que, gracias a ella, despeguemos a través de un telescopio hacia galaxias lejanas y en retirada; o buceemos a través de un microscopio hasta llegar a las profundidades de la sala de motores de la célula viva; o lancemos partículas alrededor del círculo gigante del

Gran Colisionador de Hadrones. O tal vez nos haga volar a través del tiempo, ya sea hacia delante en compañía del majestuoso universo en expansión, o hacia atrás a través de las rocas más allá del nacimiento del sistema solar, hasta llegar al origen del propio tiempo.

De la misma manera que volar es escapar de la gravedad en la tercera dimensión, la ciencia nos permite escapar de la normalidad mundana cotidiana, ascendiendo en espiral por las alturas exclusivas de la imaginación.

Vamos, despleguemos nuestras alas y veamos adónde nos llevan.

Agradecimientos

Quiero dar las gracias a Anthony Cheetham, Georgina Blackwell, Jessie Price, Clémence Jacquinet, Steven y David Balbus, Andrew Pattrick, David Norman, Michael, Sarah y Kate Kettlewell, Greg Stikeleather, Lawrence Krauss, Leonard Tramiel, Jane Sefc, Sonjie Kennington, Henry Bennet-Clark, Connie O'Gormley y al difunto y añorado Rand Russell.

Créditos de las imágenes[1]

Pág. 20	Hadas: Gluiki.
26-27	Mariposas y polillas: Yevheniia Lytvynovych.
28	Murciélago vampiro: Hein Nouwens, polilla: Morphart Creation.
36	Aves volando: Maryia Ihnatovich.
43	Azulillos índigo: Morphart Creation.
52-53	Brújula de la Marina Británica: Morphart Creation.
55	Kiwi marrón de la isla Norte: Hein Nouwens.
66	Dodo: Morphart Creation.
78-79	Huevos de aves: Bodor Tivadar.
81	León alado: Natalia Barashkova.
94-95	Elefantes: Monkographic.
104-105	Vasos sanguíneos: MicroOne.
110-111	Plumas: Artur Balytskyi.
120-121	Colugo: Morphart Creation.
122	Buitre leonado: Gwoeii; águila: Evgeny Turaev.
130-131	Calamar gigante; Diana Hlevnjak.
138-139	Plano de un avión: Vector things.
150-151	Aviones: Viktoriia_P, byvalet, Alexander_P.
153	Mano con una tarjeta: Maisei Raman.
157	Inmersión de pingüinos: Animalvector.

1. Las imágenes de color gris que complementan el texto pertenecen a Shutterstock. La siguiente lista especifica cada uno de los colaboradores.

166-167 Libélulas: Morphart Creation, Nepart.
168-169 Insectos: Bodor Tivadar, Artur Balytskyi.
172-173 Instrumentos del salpicadero del avión: Richard Laschon.
186-187 Globos aerostáticos de aire caliente: Babich Alexander.
190-191 Globos aerostáticos de aire caliente: Bodor Tivadar.
194 Aguja de una iglesia: Morphart Creation.
198-199 Peces: Bodor Tivadar.
200-201 Dirigibles: Artur Balytskyi, Morphart Creation.
206-207 Planetas: Artur Balytskyi.
208-209 Torre Eiffel: Hein Nouwens.
218-219 Mapamundi: Intrepix.
220-221 Nubes: vectortatu.
231-232 Flores: Channarong Pherngjanda.
248-249 Doble hélice de ADN: LHF Graphics.
254-255 Motor a reacción: Shaineast.
256-257 Bombillas: Babich Alexander.
266-267 Ardillas: Morphart Creation.
270 Avestruz: Evgeny Turaev.
279 Ciempiés: Evgeny Turaev.
287 Meteoro: nickolai_self_taught.
293 Telescopio: pikepicture.
294 Niño volando: ArtMari.

Índice temático